藏北那曲草原生态建设与管理应用
——区域化人工草地建设与草地资源评价管理

◎ 旦久罗布　严　俊　何世丞　谢文栋　张海鹏　著

中国农业科学技术出版社

图书在版编目（CIP）数据

藏北那曲草原生态建设与管理应用．区域化人工草地建设与草地资源评价管理 / 旦久罗布等著．-- 北京：中国农业科学技术出版社，2024．7．-- ISBN 978-7-5116-6940-7

Ⅰ．S812.29

中国国家版本馆CIP数据核字第 2024NT1243 号

责任编辑 贺可香
责任校对 李向荣
责任印制 姜义伟　王思文

出 版 者 中国农业科学技术出版社
北京市中关村南大街 12 号　　邮编：100081
电　　话（010）82106638（编辑室）　（010）82106624（发行部）
（010）82109709（读者服务部）
网　　址 https: // castp.caas.cn
经 销 者 各地新华书店
印 刷 者 北京地大彩印有限公司
开　　本 170 mm × 240 mm　1/16
印　　张 12.25
字　　数 200 千字
版　　次 2024 年 7 月第 1 版　　2024 年 7 月第 1 次印刷
定　　价 198.00 元

《藏北那曲草原生态建设与管理应用》

编委会

《藏北那曲草原生态建设与管理应用——区域化人工草地建设与草地资源评价管理》

著者名单

主　著： 旦久罗布[1]　严　俊[1]　何世丞[1]　谢文栋[1]　张海鹏[1]

副主著： 王有侠[1]　多吉顿珠[4]　干珠扎布[5]　马登科[1]　高　科[1]　次　旦[1]

著　者： 魏　巍[4]　刘海聪[6]　扎西央宗[4]　才　珍[1]　周娟娟[4]　边巴拉姆[1]　朱彦宾[4]　扎西达瓦[2]　朵辉成[2]　仁增旺堆[4]　旦　增[3]　保吉财[1]　翁浩博[1]　桑　旦[4]　晋　巴[3]　嘎　嘎[1]　赤列次旺[3]　次旺曲培[3]　索朗次叫[1]　张立军[7]　次仁宗吉[1]　普布卓玛[4]

1. 那曲市农牧业（草业）科技研究推广中心。
2. 那曲市色尼区农业科学技术服务站。
3. 那曲市尼玛县农牧业科学技术服务站。
4. 西藏自治区农牧科学院。
5. 中国农业科学院农业环境与可持续发展研究所。
6. 西藏职业技术学院。
7. 中共那曲市委员会党校（那曲市行政学院）。

作者简介

旦久罗布　高级畜牧师，西藏自治区学术技术带头人，中国农业科学院、兰州大学研究生校外行业导师，享受国务院政府特殊津贴。

2002年毕业于甘肃农业大学草业科学专业，主要研究方向为区域化人工种草、草地退化生态修复与重建、生物多样性保护、自然资源可持续利用及相关领域。从2002年扎根藏北高原，在平均海拔4 500 m以上的藏北高原开展草地基础研究工作，藏北高原，被人们称为“人类生存的禁区”，自然条件极其恶劣，20年如一日，怀着对草原事业的热爱，带领项目组在与无数的困境和危险较量的过程中，不断收获耕耘的果实。

凭借着丰富的草业科学经验和扎实的基础知识，先后承担主持科技部、西藏科学技术厅、那曲市科学技术局项目20多项，担任西藏自治区牧草体系岗位专家，原那曲市草原站站长、那曲市职业技术学校“草原畜牧野外指导专家”、拉萨市当雄县畜牧草业指导专家等，主要学术兼职有西藏草学会副理事长，西藏畜牧兽医学会常务理事等。

先后获得“全国五一劳动奖章”“全国优秀科技特派员”“全国十佳优秀科技工作者”提名奖、“全国优秀科技工作者”等国家级荣誉6项；西藏自治区先后授予“西藏自治区优秀共产党员”“西藏自治区科技工作先进个人”“西藏自治区科技特派员优秀标兵”“西藏自治区优秀学术技术带头人”等自治区级荣誉8项；那曲市授予首届“羌塘杰出人才”、首届“羌塘最美青年”等荣誉多项；获得“全国农牧渔业丰收奖一等奖”西藏自治区科学技术奖一、二等奖。

先后发表学术文章60余篇，申请专利45项，编制团体标准6项，地方标准5项，出版专著7部（其中主编出版《那曲草地资源图谱》《那曲常见植物识别应用图谱》2部，参编出版5部），编制《农牧民草原保护管理与建设》藏文版教材1部，从区内外引进牧草品种118种，推广应用19种（其中高产优质饲草亩产突破4 000 kg以上牧草品种7种，草地生态修复与治理生态牧草品种12种），收集乡土野生牧草资源60余份，优势牧草品种13种。

前　言

FOREWORD

在辽阔的青藏高原之上，藏北那曲犹如一颗璀璨的明珠，散发着其独特的魅力，草原广袤无垠，河流湖泊星罗棋布，自然资源丰富。藏北那曲是伟大祖国海拔最高、陆地国土面积最大的市，“最高”“最大”赋予那曲得天独厚的资源优势、独一无二的区位特点、优秀厚重的传统文化；藏北那曲是固边稳藏战略保障支撑、极地高原科研基地中心、国家极地高原重要生态安全屏障的核心功能区；藏北那曲是西藏特色畜牧业发展的重要基地，有着农牧民赖以生存的基本生产资料。

藏北那曲处于低纬度、高海拔的高寒地境，被昆仑山、唐古拉山、念青唐古拉山和冈底斯山所环绕，整个地形呈西北高东南低倾斜状，平均海拔4500 m以上，形成了多样的地形、地貌以及小气候，为植物提供了丰富多样的生存环境，也造就了高寒草甸、高寒草原、高寒荒漠等草地生态系统，生物生存、发展的特殊尤为世人所瞩目，其独特的环境、丰富的植物资源，对青藏高原甚至对全球气候和环境有着极其重要的影响，长期以来一直是国内外专家学者在地理、生物、资源和环境等方面的研究热点。

《藏北那曲草原生态建设与管理应用》一书，是对这片神奇土地的深入探索与总结。本书从那曲区域人工种草、那曲草地资源、那曲野生优势牧草种质资源保护与利用、那曲草地生态修复治理技术和那曲草原三害治理五个方面全面展示了藏北那曲草原科技工作者多年来的有益探索，他们致力于规范草原管理工作，推动藏北高寒草原在生态建设与特色草地畜牧业可持续健康发展中发挥更大效益。

在此，由衷感谢在《藏北那曲草原生态建设与管理应用》一书编写和出版过程中那曲市委、市政府、市科学技术局给予的大力支持和帮助，以及西藏自治区牧草产业技术体系的技术支撑。同时，由于撰写时间紧迫、撰写人员水平有限，本书在文字表述、研究成果等方面可能存在诸多疏漏和不足，恳请专家学者不吝指正。

我们期望这本书能够为藏北那曲相关部门、草原科技界同仁、草原生态保护和草地畜牧业从业人员的工作提供有益的参考，也能够让社会各界更好地认识和了解藏北那曲草原的基本情况，共同为保护这片美丽的草原生态贡献力量。

著　者

2024年4月

第一部分 那曲区域人工种草

第二部分 那曲草地资源

第一部分

那曲区域人工种草

草原的第一功能是生态功能，发展人工种草可有效解决草原保护利用和建设的重要措施之一。那曲发展区域人工种草，是提升草地生态功能及生产能力，保护和建设那曲草原生态文明的积极体现，通过人工草地建设，使荒地及闲置地得以充分利用和改良，生产更多优质高产饲草料，缓解天然草地放牧压力和冬春饲草缺乏的瓶颈问题，人工草地的建设既能为保护和发展草原生态做出贡献，也能在人工种草的实践中探索、总结出有益经验。

党的十八大报告指出："把生态文明建设放在突出地位，融入经济建设、政治建设、文化建设、社会建设各方面和全过程，努力建设美丽中国，实现中华民族永续发展。"党的十九大报告提出，"坚持人与自然和谐共生。建设生态文明是中华民族永续发展的千年大计"。党的二十大指出，"大自然是人类赖以生存发展的基本条件。尊重自然、顺应自然、保护自然，是全面建设社会主义现代化国家的内在要求。"这表明我们党对中国特色社会主义建设认识的逐步深化，也彰显出中华民族对子孙后代、对人类赖以生存的优美环境追求和建设决心。

2021年7月21—23日，习近平总书记在西藏考察时强调：抓好稳定、发展、生态、强边四件大事，在推动青藏高原生态保护和可持续发展上不断取得新成就。

要坚持保护优先，坚持山水林田湖草沙冰一体化保护和系统治理，加强重要江河流域生态环境保护和修复，统筹水资源合理开发利用和保护，守护好这里的生灵草木、万水千山。

保护好西藏生态环境，利在千秋、泽被天下，我们要以习近平生态文明思想为统领，牢固树立“绿水青山就是金山银山、冰天雪地也是金山银山”的生态文明理念，推动形成人与自然和谐发展现代化建设新格局，这一重要论断无疑为下一步的美丽西藏建设提供了根本遵循。立足新发展阶段、完整准确全面贯彻新发展理念、服务和融入新发展格局，坚持“三个赋予一个有利于”，积极研究新情况，主动解决新问题，着力探索新机制，针对那曲实际，围绕发展区域人工种草，提升天然草地生态功能，是夯实畜牧业基础，实现“放牧与补饲”相结合的畜牧业的路子；实现那曲草原资源的可持续利用；努力为牧业转型升级，促进牧区跨越式发展和生态文明高地建设积极建言献策，为保护生态环境做出努力！

“那曲区域化人工种草”，是在“建设小绿洲、保护大生态”的框架下，以小保大的理念出发，通过那曲区域特点及实践，对中东西区域人工种草、草地建设进行了有益的探索，规范牧草种植操作技术，促进人工种草在生态建设与牧业发展中发挥更大效益和重要作用，实现生态友好、牧业增产增效、牧民增收致富的可持续、健康、协调发展路子。

第一章　概　论

草是畜牧业发展之根本，草的发展取决于一个地方畜牧业发展的质量效益，没有草的发展就无从谈起当地畜牧业的转型升级、提质增效等问题。那曲是海拔最高、生态极为脆弱的高寒草地生态畜牧业产区，虽然理论上有足够的天然草地面积来经营畜牧业，但由于它的结构脆弱、牧草品种单一、单位产出低、年份差异大，同时缺少具有一定规模高产出、高效益、高品质的人工草地及割草地，目前所建植的人工草地区域化程度低、建植和管理利用不科学、效益差，导致那曲牲畜仍处于“夏壮、秋肥、冬瘦、春乏”的半饥饿状态，仍无法摆脱逐水草而牧的传统畜牧业生产方式。因此，解决这一瓶颈问题，夯实畜牧业基础，更凸显出牧草生产在那曲畜牧业发展和生态建设中的重要地位。

从那曲不同区域出发，以区域特点为抓手，气候特点、土壤结构、降水量、蒸发量、适宜牧草品种、种植模式和科学技术措施相结合，提高那曲人工种草区域化程度。利用具有一定气候、土壤、水源条件的裸荒地、极重度退化地、黑土滩、鼠荒地，以及畜圈暖棚、房前屋后闲置地等，以集中优势、集中管理的措施，发挥最大效益建立起固定规模化饲草基地及家庭人工种草，努力推进“放牧与补饲相结合的那曲畜牧业的发展路子”，逐步解决那曲畜牧业的根本问题，实现生态友好、牧业增产增效、牧民增收致富的可持续、健康、协调发展路子（图1-1）。

图1-1　那曲饲草基地

第一节　人工草地的概念、类型

一、人工草地的概念

人工草地是采用农业技术措施栽培而成的草地。目的是获得高产优质的牧草，以补充天然草地之不足，部分满足家畜的饲料需要。

人工草地在那曲20世纪70年代开始研究与建植。随着牧区人口的增长、牲畜的增加，造成超载过牧，草原自然生产力的有限性与社会需求的扩增性成为牧区发展的基本矛盾，天然草地需要恢复，而牧民的生产生活也要有保障和提高，人工草地正是在这种背景下赋予新的含义，肩负着减轻天然草地超载压力，解决家畜冬春缺草和休牧季节的饲草供应，促进草原生态改善，加速草地生态系统的恢复和提升功能、草牧业可持续发展和农牧民增收的重任。

二、人工草地类型

根据土壤翻耕与否将人工种草可分为两大类：退化天然草地改良类和人工草地建植类（退化草地重建类）。

三、范围

本部分适用于那曲市人工草地的建植，内容包括那曲中东西区域化人工种草的术语和定义、前期准备种植技术、播后管理与利用技术。

中东西区域：指那曲中东西不同气候条件、土壤条件因子所形成的不同区域。

第二节 术语和定义

一、人工草地

选择适宜的草种通过人工措施而建植或改良的草地。

二、常规耕作

指用犁耕翻土地，以及用耙、锄、镇压器和旋耕机等进行的表土耕作措施。

三、免耕

指播种前不实施常规耕作措施，直接在茬地上播种（可视需要进行重牧或刈割），或在土层较薄、坡度较大地块，可用免耕机播种或直接播种后结合蹄耕覆盖。

四、单播

在同一地块上，只种植一种（品种）牧草或饲料作物的种植方式。

五、混播

在同一地块上，同期混合种植两种或两种以上牧草的种植方式。

六、出苗率

成活苗数占播种种子粒数的百分率。

七、基肥

在播种前，结合土壤耕作施入的肥料，一般以有机肥为主，也可施入缓释化学肥料或矿物原粉。

八、追肥

在牧草或饲料作物生长期间施用的肥料，一般是化肥。

第二章　那曲人工草地发展现状

那曲人工草地建设和饲草产业整体起步较晚，生产经营体系尚未形成，技术装备支撑能力不强，在规模化、机械化、专业化方面与区内外相比还有一定差距，也缺乏健全配套的政策保障体系支持。对饲草在优化畜牧业结构、保障粮食安全、生态功能提升建设上的地位和作用尚未达成共识。一是种植基础条件较差。发展规模化、机械化种草，要求土地平整度、水利设施配套等方面具备相应条件。目前，饲草种植多数为盐碱地、坡地等，配套灌溉、机械化耕作等基础条件的地块不多，加之建设投入少，大多数达不到高标准种草要求，产量不高，优质率低，种植效益不佳，制约饲草产能提升。二是良种支撑能力不强。我国审定通过的604个草品种中，大部分为抗逆不丰产的品种，缺少适应干旱、半干旱或高寒、高纬度地区种植的丰产优质饲草品种。饲草种子世代不清、品种混杂、制种成本高等问题突出，良种扩繁滞后，质量水平不高，总量供给不足。适应西藏特殊高寒生境的优质饲草缺乏，种子长期依赖区外供应。三是机械化程度偏低。国内饲草机械设备关键技术研发不足，产品可靠性、适应性和配套性差的问题较为突出，大型饲草收获加工机械大多靠国外引进，适宜山地人工饲草生产的小型机械装备缺乏。机械装备与饲草品种、种植方式配套不紧密，饲草生产农机社会化服务程度低等都制约机械化生产水平的提升。

第一节　人工种草的重要性

人工草地是现代化畜牧业生产体系中的一个关键组成部分。一方面，它可以弥补天然草地产草量不足的问题，有效缓解草场放牧压力；另一方面，它可以不断地为家畜提供量多、质优饲草。然而，人工草地极易受自然因素和人为因素双重影响，如干旱、风沙、盐碱、贫瘠等自然因素对人工草地构成直接威胁，而人类的实践活动和认识水平又直接关系人工草地能否正常发挥作用。因此，人工草地对于促进畜牧业生产持续、稳定、健康发展，保护和治理生态环境，提高畜牧业生产水平具有重要作用。人工种草一是草原生态保护建设需要，是改善生态环境，保障生态安全，实现可持续发展的有效途径。二是畜牧业产业化发展所需，是为畜牧业产业发展提质增效加快转型升级的步伐。三是农牧民生产生活所需，可夯实畜牧业基础，提高防灾保畜能力。

一、人工种草有助于提升天然草地的生态功能

草地既是宝贵的自然资源，也是陆地生态系统的重要组成部分。盲目开垦、超载放牧、鼠虫害蔓延及气候变化等因素，造成了草地生态退化，加剧了水土流失，自然灾害天气频繁增加，导致生态环境恶化，其直接和间接经济损失巨大。我国对草原建设投入力度逐年加大，大力实施退牧还草工程、草原生态保护补助奖励机制等重大工程，有效遏制草原退化。种草养畜产业结构逐步形成，人工种草的稳步实施能够推动种养产业发展，同时为牧区草原休养生息提供有效保障。

二、人工种草有利于防止水土流失、改良土壤结构

随着时代的发展，环境保护、水土保持、改善生存条件成为一项长期的战略性任务。那曲不同区域仍存在草地退化严重、地表裸露、鼠害蔓延等问题。而人工种草周期短、见效快、覆盖面大，收到了立竿见影的效果，能有效减少和防止水土流失发生。

三、人工种草有利于缓解人畜争粮矛盾，为牲畜提供更高效、更经济的饲料来源

青藏高原“五年一大灾，三年一小灾”，开展区域化人工种草是那曲

草地畜牧业持续健康发展的重要举措之一，对于农牧民群众防灾保畜、保障畜牧业基础、农牧民群众的生产生活水平的提高具有重要意义和现实的需要（图2-1）。

那曲是一个资源匮乏的高寒牧区，尤其是偏远地区，饲草料短缺，储备不足，冬春季节极易发生自然灾害，出现保畜难、危及人命等问题，人畜争粮矛盾突出。通过人工种草，生产一定的优质牧草，有助于冬春补饲和饲草储备，使饲草料发挥其生态效益和综合效益。

图2-1　2021年3月，中部区域降雪

四、人工种草有助于加快草原畜牧业转型升级的步伐

草原肩负着生态与生产双重功能。由于历史地理等原因，目前牧区产业单一，生产方式落后，以牦牛、藏系绵羊等传统畜牧业为主，牧民“逐水草而居”“靠天养畜”，对天然草地的依赖极高，98%的饲草料来自天然草原。由于天然草原可食牧草产量不断下降，人口增长及生产生活水平提高的需求，人草畜的矛盾依然突出。通过利用空闲裸地等资源种植牧草，饲料生产向专业化的方向发展，有效增加饲草供应量，为草地畜牧业的生产提供丰富、优质的饲草资源，才能从根本上解决牧区草畜矛盾，满足牧区牲畜饲草需求。这不仅可以促进那曲放牧与补饲相结合的畜牧业发展路子，同时解决牧区牲畜规模化饲养的问题，还可以迅速实现干青结

合、精粗结合，大大提高牧区畜牧业生产的科技含量、饲养管理水平和综合经济效益（图2-2）。

图2-2 尼玛县饲草基地收割

第二节 那曲人工种草发展现状

一、牧草引种情况

为选育出能适应高寒牧区生长的优质牧草品种，提高草地牧草总量，减轻草地压力，缓解因超载过牧引起的草畜矛盾和草场退化，综合治理草地生态环境。那曲市原草原站从1978年开始，引进优质牧草品种，在那曲中部门地乡（原红旗公社）进行了20个品种的牧草引种试验；1987年在那曲东部比如县白嘎乡建立了1 500亩（1亩≈666.7m^2，全书同）优质牧草种植试验基地，进行了15个禾本科和豆科品种引种试验；1992年建立了原草原站牧草引种品比试验基地；1999年在嘉黎县措拉镇建立了45亩的试验基地，进行了23个牧草品种栽培试验；1998—2001年西藏自治区农牧科学院畜科所草原研究室在原草原站试验基地开展了牧草引种试验工作；2002年在西部尼玛县文布乡建立100亩试验基地，进行了10个牧草品种试验，示范种植1万亩。2002—2005年，连续4年，在百亩试验基地进行了引种试验及野生牧草驯化栽培工作。2009—2016年，在“那曲地区现代草地畜牧业示范基地”开展牧草引种栽培试验，先后引进试种优势牧草30余种。2014—2016年与西藏自治区农牧科学院草业所合作引进11个燕麦品种、1个绿麦草品种试种及那曲不同海拔梯度种植研究。2017—2019年，原草原站从青海引进33个牧草品种，在色尼区14村结合自治区科技重点研发项目“人工草地节水自压灌溉增产增效”课题研究，开展10种燕麦品比试验等工作，并突破亩产鲜草3 555 kg以上。2020—2022年，原草原站在那曲产业（科技）园区内，对60多个引进牧草品种筛选、13种本土野生牧草驯化栽培筛选等工作。

经过40多年的努力，在引进的100余个牧草品种中，进一步强化工作措施、改进试验方式，加大管控力度，加强对牧草品系之间的品比试验，以那曲高寒特殊生境条件下牧草生产中面临的根本矛盾和主要技术问题为突破口，重点以高产优势牧草品种引进栽培及挖掘繁育本土优势牧草资源，巩固和筛选现有推广应用的箭筈豌豆、红豆草、紫花苜蓿、黄花草木樨、饲用油菜、青杂系列、青海444、加燕2号、甜燕麦、小黑麦、冬小麦、一年生黑麦草、饲用青稞等19种高产牧草，冷地早熟禾、星星草、老芒麦、垂穗披碱草、紫羊茅、无芒雀麦、冰草等12个生态牧草品种，以及巴青披碱草、安多梭罗草、尼玛赖草、芨芨草、早熟禾、黑紫披碱草等13个乡土牧草品种的潜力和适应性能。

二、人工牧草种植及示范推广情况

长期以来那曲草地畜牧业主要依靠于天然草场，家畜普遍呈现出“夏壮、秋肥、冬瘦、春乏”的现象，特别是在春季，牲畜膘情差，处在半饥饿状态，每遇到降温、大风、降雪等频繁的自然灾害，导致大量的牲畜死亡。针对这一现状，在市委、市政府的高度重视下，那曲市原草原站着手开展牧草引种栽培试验，选育出适应高海拔地区生长的优良牧草品种19种，已先后在那曲中、东、西部大面积推广种植，并鼓励牧民群众在房前屋后种植。截至2022年，那曲人工草地面积12万亩，其中房前屋后人工种草面积4.59万亩。部分试种牧草单产突破亩产鲜草5 500 kg，其中绿麦草亩产鲜草2 100 ~ 3 126 kg、引进山南冬小麦亩产高达鲜草2 100 ~ 4 500 kg、饲用油菜亩产鲜草1 890 ~ 2 600 kg、加燕2号亩产鲜草1 200 ~ 5 500 kg、垂穗披碱草、老芒麦亩产鲜草900 ~ 1 200 kg、多年生牧草与当年生牧草混播种植亩产鲜草1 100 ~ 1 270 kg，燕麦青引444规模化高产饲草基地平均亩产突破4 250 kg鲜草，饲用油菜青杂系列最高亩产鲜草达9 100 kg（图2-3至图2-5）。

图2-3　尼玛县饲草基地牧草收割

图2-4　色尼区产业园区饲草基地

图2-5　小黑麦种植基地

三、发展人工草地面临短板问题

（一）人工草地技术推广与监督服务工作推进难，没有形成规范的技术体系及监督管理机制

各县仍未建立草原科技服务体系，草原工作基本上由兽防人员、畜牧专业人员承担，且人员调动频繁、队伍不稳定等，导致草原各项工作很难实现预期成效，也成为那曲人工草地建设中的关键问题。

（二）人工草地建设缺乏顶层设计

各县人工草地建设方面，一直存在着缺乏科学选址、科学选种和规范操作等实际情况，导致技术服务和监督工作不能及时到位。同时，缺乏与水利工程有效衔接，具有设计水利灌溉条件的区域，牧草种植土壤条件达不到，具有牧草种植土壤条件的区域缺少水利灌溉设施等问题仍然突出。

（三）人工草地选址不合理

那曲地处青藏高原腹部，平均海拔为4 000～4 800 m，年平均气温为-2.8～1.6 ℃，年均降水量为247.3～513.6 mm，年均蒸发量为1 500～2 300 mm，气候寒冷，昼夜温差大，牧草生育期短，区域差异较大。因此，那曲人工草地的建植和地域的选择更是显得格外重要，一个地势平坦、土层深厚、土壤肥沃、具有水源的草地是有利于人工草地建设和牧草高产生产的先决条件。目前为了生产牧草、也出于荒地利用和治理目的，人工草地的建设和选地，一直提倡和鼓励在退化地、沙化地、弃耕地、荒地人工牧草种植，忽视了人工种草的区域划分和不同土壤条件来构造牧草种群结构的关键问题，导致人工草地成效不明显。

（四）牧草品种单一，草种选择和搭配不科学

那曲主要推广的牧草有垂穗披碱草、老芒麦、冷地早熟禾、星星草、青稞、燕麦、箭筈豌豆、绿麦草、饲用油菜等品种。

近年来，为了追求当年成效，无论是否具备牧草生长条件，都普遍存在着大面积种植以青稞为主的当年生牧草问题，遇到干旱年份，牧草产量极其低下，翻耕裸露的地表容易造成土壤的退化和养分的降低。在那曲特殊的生境条件下，尤其是西部四县及中部安多、聂荣等区域，土壤土层薄、腐殖质含量低，降水量少，年年反复耕种导致土壤退化。因此，更不能忽视牧草品种的选择和合理搭配。

（五）缺乏有效的建植管理措施及技术队伍

人工草地的建设要三分种植、七分管理，需要像农田一样精耕细作，如不能科学规范地进行翻耕平整、耕前耙地，适时播种、施肥、灌溉、收割等各种农艺措施，对于牧草生长和产量都具有很大的影响。各县（区）缺少自己的种草技术团队，人工草地建设由非专业人员或非行业领域第三方承担的问题依然凸显，一直处于粗放建植和管理，只有兼顾这些措施才能实现牧草稳产高产。

（六）水利设施缺少，仍处于靠天养草的局面

当前，那曲大部分人工草地仍没有真正意义上的水利灌溉设施，难以

确保牧草不同生育期水分的需求。尤其是干旱年份，牧草严重缺水、产量下降，随年份降水量的不同，牧草产量相差较大，导致那曲人工草地的建设和牧草生产水平一直停滞不前，仍处于靠天养草的局面。

（七）忽视人工草地建设区域鼠害防治工作

人工草地建设区域鼠害防治也是人工草地建设及提质增效的重要组成部分，但很大程度上一直被忽视，导致鼠害蔓延更是成为影响人工草地的重要因子。

四、发展人工草地努力方向

（一）建立健全人工草地建设的监督管理机制

制定切实可行的管控制度，严格履行人工草地建设的审批及论证程序，有力推进保护生态与人工草地的融合发展。

（二）建立健全11县（区）草原科技服务体系

建立草原科技服务站，配齐草原专业技术人员，确保草原各项工作的顺利推进及预期成效。

（三）加强技术实践培训，提高群众种草科技含量

通过加大人工种草技术培训，以牧民专业组织培训为平台，每年有针对性对专业组织带头人开展牧区人工种草技术、饲草收割和加工技术等内容的牧草生产体系知识培训，提高农牧民人工种草的技术含量，推动草牧业不断发展。

（四）规范人工草地建设技术措施

一是严把人工草地建设选址关。在人工草地建设选址上，以生态优先为原则，以高产高效为目标，选择在土质好、水源条件具备、具有一定气候条件的退化地、裸荒地、鼠荒地、黑土滩等区域。人工草地建设坚持连作、长期利用，确保已开垦建设的人工草地持续利用不荒废，防治现水土

流失及土壤沙化等生态环境恶化现象的发生。另外，及时做好人工草地建设前鼠害防治工作。同时与水利项目相结合解决牧草生育期缺水的问题，发挥出人工草地的最大效益。二是严把牧草种子质量关。牧草种子质量的好坏，决定了人工草地建设的质量与成败。在牧草种子采购上杜绝劣质种子，须经过种子管理部门或专业部门的质量检测，确保种子饱满、纯净度高、发芽率高。三是严把牧草品种的选择关。了解牧草品种特性，必须选择耐寒耐旱等适宜牧草品种，严防盲目选择牧草种子。四是严把人工种草技术关。严格按照牧草种植技术规程操作，做好牧草种植前的鼠害防治、施足底肥、翻耕整地、适时播种、按量播种、按阶段灌溉，尤其是施用化肥的问题上，必须了解土壤理化性质（缺什么补什么）。五是优化人工草地的种植结构。根据牧草生产和人工草地利用需求的不同，可采取单播、混播、套种等种植措施。以割草为主建植的人工草地，为了增加牧草产量、提高牧草品质，采取2个以上当年生牧草品种混播种植（如绿麦草＋饲用油菜＋燕麦、青稞＋燕麦混播种植）；为了降低人工草地的生产成本，实现多年稳产，大力推广多年生优质牧草品种保护性套种种植方式（如披碱草＋早熟禾＋星星草＋燕麦＋青稞＋饲用油菜等）；以植被恢复、草地改良为主的草地，采取多年生牧草混播种植（如披碱草＋早熟禾＋星星草等）。六是严把掌控人工草地割草关。掌握人工草地割草时间节点，是牧草产量及品质的关键，割草过早产量降低，割草过迟品质降低。因此，禾本科牧草一般在抽穗灌浆期割草，豆科牧草在现蕾初花期割草，此时牧草产量及营养最好。

（五）配套水利设施，解决人工草地建设中的关键因子

水是草地建植中的重要环节，以水为中心，重点解决水利灌溉设施问题，做到干旱时草地能灌水，雨量大时能排涝，建立起高效高配套的人工草地，为人工草地的高产稳产打好基础。

（六）提高经营管理水平，使人工草地发挥更大效益

建立科学合理的管理机制，加强对人工草地耕作、灌溉、施肥、灭

鼠、收割等技术环节的管理，提高人工草地的整体管理水平，使人工草地发挥出更大效益（图2-6）。

图2-6　西部饲草基地

（七）模式创新创建

通过对土壤成分、水热条件的精确分析，实现了种子播种量、播种时间、施肥等田间最优化配置，总结提出一套“燕麦+”饲草三级种植及供给模式。即：一级种植为家庭人工种草，充分利用房前屋后、畜圈暖棚空闲地种植高产优质牧草，发展庭院经济，作为牲畜防灾救命保障应急草；二级种植为适度规模区域化人工种草，养殖大户、合作社、小规模公司开展适度规模高产优质人工种草，作为地方或本区域防灾补饲调剂草；三级种植为规模化人工种草，专业公司或本领域企业开展高产优质饲草种植以及加工，作为全市舍饲商品草。该模式在高寒牧区推广，将进一步提升农牧民科学种养殖技术水平（图2-7）。

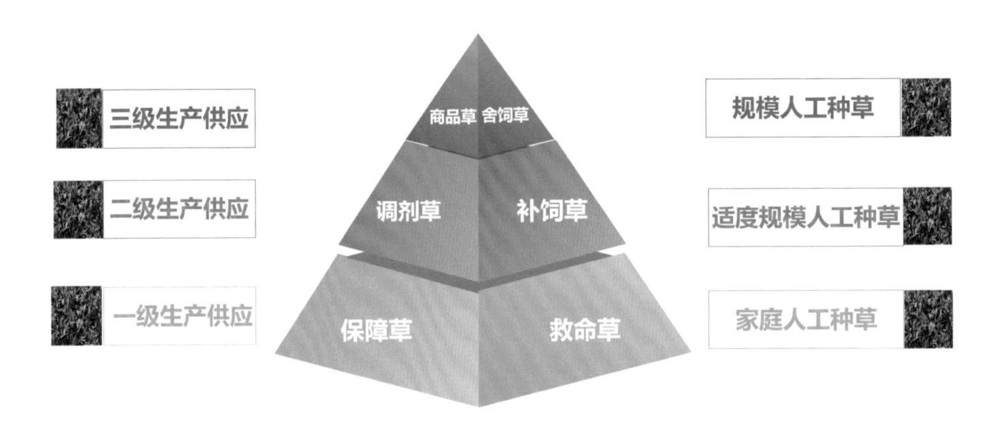

图2-7 那曲三级饲草种植及供应模式

第三章　牧草种植区划及品种选择

牧草种植区划及适宜品种选择、规划建设，以因地制宜的原则，根据区域特点科学合理配置资源，获取最大的生态效益与经济效益（图3-1至图3-3）。

图3-1　中部区域（色尼区产业科技园区）

图3-2　东部区域（索县荣布饲草）

图3-3　西部区域（尼玛县饲草基地）

第一节　牧草种植区划

根据那曲中东西区域特点，那曲人工草地的发展可划分为3个区域。

一、那曲东部区域

本区主要包括索县、巴青、比如三县以及嘉黎东南部平均海拔在4 300 m左右，气候较为温和湿润，年降水量在600 mm左右，年蒸发量1 400 mm左右，野生牧草生长期为150 d左右，土壤属山地草甸土，土壤pH值为6.7～6.9，呈微酸性中性反应，腐殖质层厚15～25 cm，土壤肥沃，有机质含量高，有机质含量在5%～6%，但本区多为高山峡谷地带，可利用土地资源有限。

本区域水土、气候条件较好，适宜种植当年生、多年生禾本科、豆科牧草，通过对弃耕地、鼠荒地、黑土滩、裸荒地等因地制宜地建立规模化人工草地建设，大力发展房前屋后畜圈暖棚家庭人工种草，在水利条件好的地域发展节水灌溉规模化人工草地，建立以豆科、禾本科轮作的高产、稳产的牧草种植区，促进牧草产业发展（图3-4）。

图3-4　东部饲草基地田间监测

二、那曲中部区域

本区主要包括聂荣、色尼大部分地域，安多中东部、嘉黎西北部等平均海拔在4 500 m以上，气候寒冷而潮湿，夏季短暂，冬季漫长而严寒，野生牧草生长期为120 d左右，年平均降水量在400 mm左右，年蒸发量在1 800 mm左右，土壤高山草甸土为主，草皮层3～12 cm、有机质含量

5%～15%，腐殖质层10～20 cm、有机质含量4%～5%，土壤呈中性到碱性反应。

本区域适合种植禾本科牧草为主，以色尼区为主本区域水土、气候条件较好，适宜种植当年生、多年生禾本科牧草，利用鼠荒地、黑土滩、裸荒地等因地制宜地建立规模化人工草地建设，大力发展房前屋后畜圈暖棚家庭人工种草，在水利条件好的地域大力发展节水灌溉人工草地；聂荣、嘉黎西北部、安多中东部等地以家庭人工种草为主（图3-5）。

图3-5　中部节水自压灌溉饲草基地

三、那曲西部区域

本区域主要包括双湖、班戈、尼玛、申扎及安多西北部海拔4 600 m以上草原地区，气候寒冷、日照强烈、土壤结构差土层薄、土壤腐殖质含量极低、草场退化沙化严重、草场承载力极低下，年降水量在300 mm左右，年蒸发量在1 900 mm左右，野生牧草生育期100 d左右，土壤属高山草原土，腐殖质积累过程弱，地表砂砾质、表层有机质含量0.5%～1.5%，一般土层薄、细土物质少、粗砾含量多。

本区草地面积大，但草地生态系统极其脆弱，重点以房前屋后畜圈暖棚家庭人工种草，以禁牧、休牧等生态保护为主，着力恢复草原原生植被。相对尼玛县文部南村、北村、来多乡阿庆村等小气候区域以及尼玛镇等具备土壤、水、气候等条件的荒地建立规模化饲草基地（图3-6）。

图3-6　西部饲草基地

第二节　那曲区域土壤资源分区与利用

那曲地区的生物气候、地形地貌等特定的自然地理条件，制约和影响着土壤现代形成过程。它不但取决于生物气候、地形地貌和植被的复杂空间变化，在纬度、经度和垂直地带性变化的同时，使土壤发育的垂直变异也是显而易见的。因而从东到西几乎可以看到从温带到高寒边缘环境的各种土壤类型。

从总体上看，那曲地区的土壤是依照地带性规律呈带状分布的，从东到西依次为山地棕壤、山地漂灰土，亚高山灌丛草甸土、高山灌丛草甸土、高山草甸土、高山草原草甸土、高山草原土、高山荒漠草原土、高山寒漠土。本区高山草甸土退化较为严重，其主要原因是海拔高，寒冻作用强烈，寒、干所致。主要表现为草皮层的草甸植被干化及明显脱落的部位被草原植被侵入，侵蚀加强，表层明显砂砾化。但水分条件较高山草原土发育条件好，草甸植被生长处有草皮发育。因此，形成斑块的景观，因而称为“斑毡状”的高寒草甸土。另外，局部地区有盐土、盐化沼泽土、盐化草甸土和冲积土。

那曲区域面积大，土壤资源丰富，类型多样，各区域自然条件差异很大，根据土壤发生条件、特征，地理分布规律、土壤生产性能和生产利用上的适宜性及改良的可行措施等，区别差异性、归纳共同性，合理开发利用土壤资源。

那曲土壤资源分区应充分考虑目前农牧业生产格局和区域分布，可分为东部高山峡谷亚高山草甸土、暗棕壤、棕壤、高山草甸土农林牧区，中北部高原宽谷高山草甸纯牧区，西部高原内陆湖盆高山草原土、高山草原草甸土纯牧区，西北部高原内陆湖盆高山草原土、高山荒漠草原土不宜农林牧利用区等。

一、东部高山峡谷亚高山草甸土、暗棕壤、棕壤、高山草甸土农林牧区

本区位于那曲东南部，东面和南面与昌都、林芝及拉萨市相邻，范围包括嘉黎大部分、索县全县、巴青南部，本区域年积温在1 200 ℃以上，降水量在500～850 mm，是那曲市农业结构比较齐全的区域，农耕地几乎全部都分布在本区域。根据水热、土壤条件适合利用改良建植人工草地。

二、中北部高原宽谷高山草甸纯牧区

本区域那曲中部和北部，东南面与Ⅰ区相接，西面为高原内陆湖盆宽谷高山草原土牧区，南面与拉萨市接壤，巴青北部、聂荣全县、安多的滩堆、帮爱、马荣、扎仁、帕那等，色尼区除那么切乡外所有乡镇，比如的夏曲镇，以及嘉黎西北部藏比、林堤、阿扎、措多、夏玛5个乡镇。

本区域地貌属高原宽谷类，地势高海拔为4 150～4 800 m，年积温为

1 000～1 400 ℃·d，无霜期短，年降水量在350～500 mm，雨量充足年份最高可达700 mm左右，多集中于6—9月。由于地势高气候寒冷，本区不适合农作物生长。

高山草甸土本身难以改良，因水分少产草量低，为稳定发展牧业，充分利用河水资源，在河谷中的平缓滩地（重度退化草甸草地、鼠荒地），引水灌溉及人工种植优良牧草，以改善植被结构，增加产草量。

三、西北部高原内陆湖盆高山草原土、高山荒漠草原土区

本区域位于那曲西部，东面大致沿青藏公路西侧内外流分水岭与Ⅱ区相连，北面与双湖无人区，西面与阿里地区接壤，南面是日喀则地区，安多大部分、色尼区那么切乡，双湖南部和班戈、尼玛、申扎全县。

本区域地貌属高原内陆湖盆，海拔4 500～5 400 m，年积温500～1 500 ℃·d,降水量100～350 mm，降水多集中在6—9月，冬春降雪比较少，一年中多晴朗天气，但大风日数较多。本区域草地面积大，但气候寒冷干旱，植被稀疏，只有在文布当若用错湖和盐湖周围以及当琼错湖滨有小面积耕地。

本区域尼玛镇、文布、强玛镇、普保等湖滨周围具有一定气候条件、水源、土壤条件的滩地可改良建植灌溉人工草地，实现区域饲草生产与储备。

第三节　人工草地规划建设

一、规划设计

（一）地段选择

地势相对平缓开阔，便于田间作业，土壤质地和水热条件较好，适合播种牧草生长，如果降水不足以保证牧草出苗和正常生长，则应有灌溉条件。

（二）草种选择

根据科研实验数据和其他可靠依据，选择适宜当地环境条件的牧草品种，并采用经过授权检验部门认证的合格种子。

（三）土壤测试

建植前对0～30 cm土层土壤的有效氮、磷、钾及有关微量元素含量进行测定，或查阅当地土壤调查资料，了解土壤养分水平，以便制订施肥计划。

（四）草地规划图

应包括草地的地理位置、面积、类型等相关信息。

二、围栏建设

人工草地围栏建设可在地段选择后进行，也可以在播种后进行，主要零部件技术要求符合《编结网围栏》（JB/T 7138—2010）等相关标准的规定。

三、地面处理

（一）耕前土壤及表面处理

（1）酸性碱性及盐渍化严重的土壤，都应进行相应的处理，以满足牧草及饲料作物生长的需要。一般盐碱地可采用灌水洗盐碱、排盐碱；酸性土壤施石灰改良；碱性土壤施石膏、磷石膏、明矾、绿矾、硫黄粉改良。

（2）有地表积水的应开沟排水。

（二）耕作及基肥施用

（1）在耕作前或耕作过程中，有条件的应施基肥。基肥的施用以有机肥为主，一般需腐熟。施基肥时，应深施，分层施，多种肥料混合施。基肥的施入量可根据牧草的种类、肥料的肥效等因素确定，一般每亩施有机肥2 000～3 000 kg。

（2）土壤耕作视具体立地条件及有关技术要求采用常规耕作或免耕。要求土块细碎，地面平整。

四、播前准备

（一）播种材料的准备

1. 播种材料选择的原则

适应当地气候和土壤条件；符合建植人工草地的目的和要求；选择适应性强、应用效能高的优良牧草品种；种子质量符合国家质量标准；无性繁殖材料要求健壮、无病、芽饱满，就近供种。

2. 混播组合的原则

在符合播种材料选择原则的基础上，还应遵循如下原则：牧草形态（上繁与下繁、宽叶与窄叶、深根系与浅根系等）的互补；生长特性的互补；营养互补（豆科与禾本科）；对光、温、水、肥的要求各异。如绿麦草（高秆窄叶）+燕麦（宽叶多枝）+饲用油菜（那曲中西部豆科牧草成活率低不易生长，混播饲用油菜有利于提高牧草营养）。

（二）播种量

播种量是单位面积播种的种子质量的多少。牧草播种量的多少与牧草的生物学特性、种子质量、土壤肥力、整地质量、利用方式、播种方法、气候条件等因素有关。播种量的多少直接影响牧草的产量和品质。

单播播种量的计算：

牧草的种子净度和发芽率不同，种子用价则有差异，实际播种量就需要增减，计算公式为：

种子用价=净度（%）×发芽率（%）

实际播种量（kg/hm^2）=每公顷播种量（kg/hm^2）/种子用价（%）

也可以采用参照以下公式进行计算：

理论播种量=田间合理密度（株/hm^2）×千粒重（g）÷10^6

实际播种量=保苗系数×田间合理密度（株/hm^2）×千粒重（g）÷［净度（%）×发芽率（%）×100］

保苗系数：种子出芽率不是100%，由于自身原因、环境因素，不能顶土出苗，或者中途死亡，病虫害等，因此保苗系数一般选择1～10。

田间合理密度：每公顷田地的适当植株数量，密度=666.67÷（行距×株距）。例如1亩地≈667 m^2，行距是0.8 m，株距0.25 m，其种植密度就是667÷（0.8×0.25）=3 335株/亩；例如，行距0.5 m、株距0.38 m，行距×株距=0.5×0.38=0.19，666.67÷0.19=3 508，则合理密度为3 500株/亩。

千粒重：千克粒数可通过草种的千粒重求得（指气干状态下1 000粒纯净种子的重量，单位：g）。

混播播种量的计算：

$$K=HT \div X$$

式中：K为每一混播成员的播种量（kg/hm^2）；

H为该种牧草种子利用价值为100%时的单播量（kg/hm^2）；

T为该种牧草在混播中的比例（%）；

X为该种牧草的实际利用价值（即该种的纯净度×发芽率，%）；

一般竞争力弱的牧草实际播种量根据草地利用年限的长短增加25%～50%。

（三）种子处理

1. 破除休眠

对豆科牧草的硬实种子，通过机械处理、温水处理或化学处理，可有效破除休眠，提高种子发芽率。对禾本科牧草种子，通过晒种处理、热温处理或沙藏处理，可有效地缩短休眠期，促进萌发。

2. 清选去杂

采用过筛、风选、水漂等对杂质多、净度低的播种材料在播前进行必要的清选，以提高播种质量。

五、播种

（一）播种期选择

播种期安排在雨季来临前。

那曲以春播为主，以保证牧草和饲料作物有足够的生长期，一方面可获得高产，另一方面有利于多年生牧草越冬。

（二）播种方式

种子播种方式

1. 穴播

在行上、行间或垄上按一定株距开穴点播2 ~ 5粒种子。

2. 条播

按一定行距一行或多行同时开沟、播种、覆土一次完成。

（1）同行条播。各种混播牧草种子同时播于同一行内，行距通常为7.5 ~ 15.0 cm。

（2）交叉播种。先将一种或几种牧草播于同一行内，再将一种或几种牧草与前者垂直方向播种，一般把形状相似或大小近等的草种混在一起同时播种。

3. 撒播

把种子尽可能均匀地撒在土壤表面并覆土。

六、覆盖与镇压

（一）覆盖

播种后要覆土，覆土深度2 ~ 5 cm。种子特别细小时，为避免覆土过深，一般采用耱地覆土，种子籽粒大表土松软且干旱区覆土不易过浅。

（二）镇压

在那曲中西部（半干旱）区，播后镇压对促进种子萌发和苗全苗壮具有特别重要的作用。

七、田间管理

（一）苗期管理

破除地表板结。出现地表板结，用短齿耙或具有短齿的圆镇压器破除，有灌溉条件的地方，也可采用轻度灌溉破除板结。

（二）杂草防除

通过农艺方法或化学方法及时防除杂草。

（三）追肥

追肥在牧草的生长期，根据牧草生长需要施一定量肥料叫追肥。追肥的使用时间一般在牧草分蘖、拔节、现蕾以及每次刈割后，主要以速效型复合肥（化肥）为主。豆科牧草应在分枝后期至现蕾期以及每次刈割之后，追肥以磷钾为主，每亩施2.5～5.0 kg；苗期应加施一定量的氮肥，一般每亩施尿素3～5 kg。禾本科牧草在拔节以后至抽穗期以及每次刈割之后，主要以氮肥为主，每亩施尿素7～10 kg。混播牧草地追肥以磷钾肥为主，追肥最好分期实施，结合灌水效果更好。

（四）灌溉

根据当地的气候条件和牧草自身的生物学特性确定草地是否需要灌溉，需灌溉的牧草在无灌溉条件的地方不宜种植。牧草返青前、生长期间、入冬前宜进行灌溉。在春旱、伏旱、冬旱期间宜灌溉。

八、利用价值

（一）刈割

刈割的留茬高度按具体牧草的利用要求执行。一般中等高度牧草留茬5 cm，高大草本留茬7～10 cm。刈割的最佳时期，禾本科牧草是分蘖—拔节期；豆科牧草是初花期（主要多年生牧草、当年生牧草可实现一年多次刈割的牧草）。

（二）放牧

那曲人工草地放牧应回温且地面解冻之前适宜。

九、建立草地档案

包括图件、草地类型（牧草种类组成）、建植方式、管理措施、利用方式、利用时间等信息。

十、检查验收

现场验收成苗率、盖度、产草量、组成、杂草等；检查档案记录。

第四节　适宜品种选择

目前，那曲引进栽培及推广应用的高产牧草品种19种，生态牧草13种，乡土牧草6种。中东西区域气候特点、土壤结构等因子，选择牧草品种有一定的区别和差异。

选择适应性能强、产量高、品质好的牧草品种，是不同区域建植人工草地的关键和重要组成部分（表3-1）。

一、东部区域适宜品种

东部区域降水量及气温相对较高，土层较厚、土壤腐殖质含量较高，适宜种植牧草品种有：

豆科：草木樨、箭筈豌豆、红豆草、紫花苜蓿、饲用黑豌豆等。

禾本科：多花黑麦草、燕麦（青海444、甜燕麦、饲用燕麦）、绿麦、冬小麦、饲用青稞、小黑麦、一年生黑麦草、多年生黑麦草、垂穗披碱草、老芒麦、冷地早熟禾、星星草、紫羊茅、扁穗冰草、沙生冰草、中华羊茅等。

十字花科：饲用油菜、芫根等。

二、中部区域适宜品种

中部区域降水量及气温偏低、土层相对较好，土壤腐殖质含量低，适宜种植牧草品种有：

豆科牧草：箭筈豌豆、草木樨、黑豌豆等。

禾本科：一年生黑麦草、燕麦（青海444、甜燕麦、饲用燕麦）、绿麦、冬小麦、饲用青稞、小黑麦、一年生黑麦草、垂穗披碱草、老芒麦、冷地早熟禾、星星草、扁穗冰草、沙生冰草、中华羊茅等。

十字花科：饲用油菜、芫根等。

三、西部区域适宜品种

西部区域降水量和气温低，牧草生育期短，土层薄、养分含量极低，适宜牧草品种有：

禾本科：燕麦（青海444、甜燕麦、饲用燕麦）、绿麦、冬小麦、垂穗披碱草、老芒麦、冷地早熟禾、星星草、扁穗冰草、沙生冰草、芨芨草等。

十字花科：饲用油菜、芫根（老文布等局部种植）等。

表3-1 区域适宜牧草品种筛选及播种量、产量

主要草种	理论播种量（kg/亩）	实际播种量（kg/亩）	鲜草产量（kg/亩）	适宜区域
垂穗披碱草	1.0 ~ 1.5	5.0 ~ 7.5	750 ~ 1 200	中、东、西区域
老芒麦	1.5 ~ 2.0	5.0 ~ 7.5	750 ~ 1 200	中、东、西区域
星星草	0.5 ~ 1.0	1.5 ~ 1.8	500 ~ 600	中、东、西区域
冷地早熟禾	0.5 ~ 1.0	2.6 ~ 3.0	686 ~ 750	中、东、西区域
扁穗冰草	1.5 ~ 2.0	5.0 ~ 7.5	750 ~ 1 200	中、东、西区域
紫羊茅	1 ~ 1.2	1.7 ~ 2.0	400 ~ 690	中、东部区域
一年生黑麦草	1.0 ~ 1.5	1.75 ~ 3.0	1 200 ~ 1 545	东部区域
无芒雀麦	1.5 ~ 2.0	2.0 ~ 4.0	720 ~ 1 400	中、东部区域
加燕2号	13.6 ~ 18.0	14.0 ~ 22.5	3 200 ~ 3 600	中、东、西区域

（续表）

主要草种	理论播种量（kg/亩）	实际播种量（kg/亩）	鲜草产量（kg/亩）	适宜区域
燕麦琳娜	13.6 ~ 18.0	14.0 ~ 22.5	1 600 ~ 4 500	中、东、西区域
甜燕麦	13.6 ~ 18.0	14 ~ 22.5	3 700 ~ 4 600	中、东、西区域
青海444	13.6 ~ 18.0	14 ~ 22.5	2 600 ~ 5 200	中、东、西区域
丹麦444	13.6 ~ 18.0	14 ~ 22.5	3 700 ~ 4 600	中、东、西区域
绿麦草	10.0 ~ 15.0	14.0 ~ 18.0	2 100 ~ 3 126	中、东、西区域
冬小麦	12.5 ~ 15.0	14.0 ~ 20.0	2 800 ~ 4 530	中、东、西区域
饲用青稞	15.0 ~ 20.0	14.0 ~ 20.0	1 600 ~ 4 500	中、东、西区域
小黑麦	6.0 ~ 12.0	14.0 ~ 22.5	1 800 ~ 4 300	中、东区域
饲用油菜	0.8 ~ 1.0	1.7 ~ 2.5	1 700 ~ 2 600	中、东、西区域
箭筈豌豆	4.0 ~ 5.0	6.0 ~ 8.0	1 300 ~ 2 266	东部区域
红豆草	3.0 ~ 6.0	6.0 ~ 10.0	920 ~ 1 440	东部区域
黄花草木樨	0.8 ~ 1.0	1.25 ~ 3.0	1 100 ~ 1 500	中、东部区域
紫花苜蓿	1.0 ~ 1.5	1.2 ~ 2.3	1 300 ~ 1 700	东部区域
芫根	0.40 ~ 0.75	1.5 ~ 2.1	2 500 ~ 3 000	中、东、西区域

第五节　适宜牧草品种特性

一、冷地早熟禾

多年生疏丛型禾草。须根发达，根系多集中在10 ~ 18 cm土层中。株高50 ~ 65 cm。耐寒、抗旱、耐阴，分蘖力强，再生性好，生长年限长，草质优良。开花期干物质中含粗蛋白质9.04%，粗脂肪36.89%，无氮浸出物45.89%，粗灰分5.34%，钙0.33%，磷0.30%。年降水量在400 mm适宜种植，每亩播种量2.6～3.0 kg，亩产鲜草686～750 kg，亩产干草196～220 kg。

二、无芒雀麦

多年生草本。根系发达，茎直立，高50～100 cm。对环境适应性强，特别是寒冷、干燥气候，不适于高温高湿条件；特别干旱时，休眠，但仍生存。它的耐寒性强，在我国黑龙江冬季低温达-48 ℃（有雪覆盖）时越冬率为83%；内蒙古冬季干冷无雪，能安全越冬；在青海最低温度达-33 ℃，也能越冬。开花期干物质中含粗蛋白质12.18%、粗脂肪3.06%、粗纤维32.45%、无氮浸出物43.81%、粗灰分8.5%、钙0.74%、磷0.47%。每亩播种量2～4 kg，亩产鲜草720～1 400 kg，每亩干草产量可达200～390 kg。

三、垂穗披碱草

多年生草本，疏丛型。须根发达，根深达100 cm。秆直立，高70～160 cm。抗寒性较强，在年降水量300～400 mm的条件下，生长良好。抗寒能力强，在-30 ℃条件，越冬率可达98%，高于无芒雀麦。萌发最低温度5 ℃。对土壤肥力要求高，具有水肥条件下，亩产干草350 kg左右，成熟期干草产量最高，抽穗期质量最好。初花期干物质中含粗蛋白质12.73%、粗脂肪0.53%、粗纤维38.29%、无氮浸出物40.88%、粗灰分7.57%。产量以利用第二、第三年为最高，以后下降，需要追肥补播。每亩播种量5.0～7.5 kg，亩产鲜草750～1 200 kg，亩产干草250～400 kg。

四、老芒麦

披碱草属多年生疏丛型。根系发达，入土较深，株高79～140 cm，茎直立或基部稍倾斜，粉绿色。该草耐寒能力强，在高寒牧区安全越冬，能耐-40 ℃的低温。适宜在年降水量300～500 mm的地区生长。老芒麦对土壤要求不严；适于弱酸性或微酸性腐殖质多的土壤上生长，一般盐渍土壤上也生长。寿命为10年左右，可利用年限4～5年，可持续4年高产，5年以后产量显著下降。该草适口性比披碱草好，马、牛、羊均喜食。叶量丰富，开花期质地柔软，营养价值高，干物质中含粗蛋白质6.8%、粗脂肪2.3%、粗纤维35.7%、无氮浸出物52.2%、粗灰分3.0%、钙0.23%、磷0.14%。播种量5 ~ 7.5 kg/亩。亩产鲜草750 ~ 900 kg，亩产干草250 ~ 300 kg。

五、星星草

俗称小花碱茅。多年生草本。须根发达，入土深超过1 m，秆直立，茎部直立或基部略膝曲。株高60 ~ 90 cm。适应性强，耐寒，冬天温度达-38 ℃，且无积雪情况下，能良好越冬。饲用价值高，抽穗期、开花期蛋白质含量在17%和16.22%。寿命长，可利用8年左右，产量中等而较稳定，播种当年产量不高。亩产鲜草500 ~ 600 kg，亩产干草167 ~ 200 kg，播种量每亩1.5 ~ 1.8 kg。

六、紫羊茅

紫羊茅是根茎疏丛型多年生草本植物。须根入土深，具短根茎。种子小，千粒重0.73 g，每千克种子136万粒。利用年限长，是建立长期放牧地很有价值的混播牧草成员。耐寒、喜凉爽湿润生境。不耐炎热，耐水淹，适于pH值为6.0 ~ 6.5的土壤。分蘖力极强，易形成稠密草层。紫羊茅营养价值高，粗蛋白质含量比一般禾本科草高。从春到秋一直鲜绿，草质好。故在各个季节适口性好，为牛及绵羊所喜食。草层低，密集，宜放牧。也是一种优良水土保持和城市绿化植物。播种量1.7 ~ 2.0 kg/亩，亩产鲜草400 ~ 690 kg，亩产干草150 ~ 230 kg。

七、多花黑麦草

一年生草本植物。株高120 ~ 130 cm，种子千粒重2.6 ~ 3.1 g。耐瘠、耐寒、耐旱，较耐盐碱，抗病性强，适应性强，对土壤质地与肥力要求不严。茎叶肉嫩多汁，适口性好，营养价值高，茎叶干物质中含粗蛋白质20.90%、粗脂肪3.83%、粗纤维30.65%、无氮浸出物35.70%、粗灰分8.92%。每亩播种量1.75 ~ 3.00 kg，亩产鲜草1 200 ~ 1 545 kg，亩产干草400 ~ 515 kg。

八、绿麦草

又称饲用小黑麦。一年生越冬性饲料作物，以饲用为目的的小黑麦品种。青饲为目的可在植株拔节期或株高达30 cm左右时刈割，留茬高度一般在3～5 cm，年可刈割2次。青贮、调制干草时，在乳熟期一次性刈割。每亩播量14～18 kg，亩产鲜草2 100～3 126 kg，亩产干草525～782 kg。

九、燕麦

一年生草本植物，疏松性，茎秆直立，高1.0～1.6 m，叶量较多。适宜栽培在夏季凉爽，雨量充沛的地区。抗寒能力强，高温使其分蘖减少，对水分条件要求较高。干物质含粗蛋白质，无氮浸出物丰富，同其他植物纤维来源相比，粗纤维含量属中上等。播种量每亩14～22.5 kg，亩产鲜草1 600～5 600 kg，亩产干草460～1 570 kg。

十、饲用冬小麦

藏冬22号。冬性牧草（山南引种），在那曲区域春播种植种子价格低、产量可观、无芒叶量大饲用价值相对高。株高115～120 cm。千粒重36～55 g。茎秆弹性好，抗倒伏。粗蛋白质含量8.61%。每亩播种量14～20 kg，亩产鲜草2 800～4 530 kg，亩产干草930～1 510 kg。

十一、饲用青稞

冬青18号。株高100 cm左右，株型紧凑，叶宽，叶色浓绿，茎秆弹性好。抗旱、抗倒伏。干物质中含粗蛋白质10.3%、粗脂肪1.83%。每亩播种量14～20 kg，亩产鲜草1 600～4 500 kg，亩产干草450～1 250 kg，抽穗期刈割牧草营养最佳，品质最好。

十二、饲用油菜

藏油3号（山南引种）。白菜型春油菜，全生育期120 d左右，千粒重3.5～4.0 g。叶片大、无辛辣味、营养丰富，是牛羊等草食家畜良好饲料。干物质中含粗蛋白质12.2%、粗脂肪30.5%、粗纤维1.6%、无氮浸出物53.21%、钙0.393%、磷0.1%。既可以鲜喂、风干后饲喂，也可以青贮后饲喂，与禾本科牧草混合饲喂效果最佳。饲用油菜种植劳力投入较少，栽培、管理技术简单，鲜草产量增长快，效益高。播种量每亩1.7 ~ 2.5 kg，亩产鲜草1 700 ~ 2 600 kg，亩产干草430 ~ 650 kg。

十三、紫花苜蓿

多年生豆科草本。高60 ~ 110 cm。主根发达，入土深2 ~ 6 m。喜温暖和半湿润到半干旱的气候。耐寒性强，成株耐寒-30 ℃低温，有雪覆盖可以耐-40 ℃以下低温。生长最适宜温度25 ℃左右。适宜生长在年降水量500 ~ 800 mm的地区。播种量1.2 ~ 2.3 kg/亩，适合与禾本科牧草混播。那曲东部亩产鲜草1 300 ~ 1 700 kg，亩产干草330 ~ 450 kg。初花期干物质中含粗蛋白质19.79%、粗脂肪2.79%、粗纤维30.26%、无氮浸出物39.38%、粗灰分7.78%。

十四、黄花草木樨

二年生牧草。主根发达，茎高1.0 ~ 2.3 m。适应性强，抗旱、抗寒、耐瘠薄、耐盐碱。适宜pH值7 ~ 9，但pH值6.2 ~ 6.8时也能生长良好。该草是家畜重要的优良牧草之一。初花期干物质中含粗蛋白质16.3%、粗脂肪4.8%、粗纤维17.9%、无氮浸出物50.7%、粗灰分10.3%。单播每亩用种量1.25 ~ 3.00 kg，亩产鲜草1 100 ~ 1 500 kg，亩产干草270 ~ 370 kg。

十五、红豆草

多年生草本，株高80 ~ 130 cm，千粒重13 ~ 16 g。喜温暖干燥气候，抗旱性强，亦较抗寒，适宜中性和微碱性土壤种植。盛花期干物质中含粗蛋白质15.19%、粗脂肪1.98%、粗纤维31.50%、无氮浸出物42.90%、粗灰分8.43%，草质优，适口性好，各类家畜均喜食。播种量每亩6 ~ 10 kg，亩产鲜草920 ~ 1 440 kg，亩产干草200 ~ 400 kg。

十六、箭筈豌豆

一年生或越年生草本植物。根系发达，根瘤密集，固氮能力强。株高90～110 cm，耐寒、耐旱，但耐热性稍差。对土壤要求不严，沙土、壤土、黏土均可生长。开花期干物质中含粗蛋白质27.29%、粗脂肪6.84%、粗纤维20.2%、无氮浸出物37.92%、粗灰分7.75%。适口性好，耐湿性及抗病性较好。播种量每亩6～8 kg，亩产鲜草1 300～2 266 kg，亩干草产量755 kg。

十七、芫根

个小味甜，密实度高，具有味甘性温、清热解毒、滋补增氧的功能，主治身体虚弱等病症。经现代科学研究发现，芫根富含蛋白质、粗纤维、钙、磷、铁和维生素等20余种人体需要的营养成分，内在品质芫根富含钙、磷、铁等营养成分，蛋白质含量≥5%，总糖含量≥45%，总氨基酸含量≥19%，必需氨基酸丰富、含量高，富含三萜（0.19 g/100 g）。芫根可以直接生吃、做芫根汤，还可以做成芫根干：将新鲜的芫根切成小块，煮熟晒干，等到白色的芫根变成黑色，即可食用。也是牛羊优良多汁、高能量的饲料，使牲畜体格强壮。种子千粒重2.6～3.0 g，每亩播种量1.5～2.1 kg，亩产根叶2 500～3 000 kg（图3-7）。

图3-7 色尼区产业园区牧草引种筛选试验

第六节　混播牧草组合

混播是两种或两种以上牧草同时在同一块地上混播种植的方式，是建立人工草地的重要手段。牧草混播能够发挥牧草间的互补效应，可提高产量，改善品质，有利于加工调制，也有利于提高土壤肥力，减轻牧草病虫害和杂草的为害。

建立混播人工草地的目的就是要持续地获得优良牧草的高额产量，同时要使人工草地中的各牧草品种保持适宜而恒定的组成比例，使草地处于一种相对稳定的状态。

在选择混播牧草时，应考虑以下原则：

第一，构成混播牧草的成分，必须适应当地的自然条件，选择牧草抗逆性（如抗旱、抗寒、抗病虫害等）强和产量高的品种。

第二，混播牧草的成分必须由不同生物学类群的牧草组成。生物学类群包括分蘖类型（如禾本科牧草的根茎型、疏丛型、密丛型等）、枝条特性（如上繁草、下繁草等）以及寿命长短等方面。

第三，混播牧草的成分，应根据利用目的、利用年限、利用制度等多方面考虑。根据不同的利用目的可分为刈草型混播草地、放牧型混播草地、刈草—放牧兼用草地、保护性套种修复草地。

刈草型混播草地：主要目的是作刈草场，利用年限较长，一般4～7年或更长。选择的牧草应该是发育一致、中等寿命的上繁草。

放牧型混播草地：利用年限7年或7年以上，属于长期放牧使用，选择的牧草要以长寿命的下繁禾本科和豆科为主，如禾本科的早熟禾、紫羊茅、星星草等。

为了使前期能获得一定产量，还应包括一些中等寿命或两年生的豆科及禾本科牧草。刈草—放牧兼用草地：利用年限4～7年或更长，为满足刈草及放牧两方面需要，除采用中等寿命和两年生上繁草外，还须包括长寿命放牧型的下繁草。根据利用年限和参加牧草成分，混播牧草的组成比例，因利用目的不同、利用年限、生境条件及利用方式等的不同，均有所差异。如从地区条件看，比较湿润的区域，豆科牧草比例适当增加；在干旱地区，则应减少或两者比例相当。

从利用年限来看，一般利用年限短的草地，豆科牧草比例可高些；利用年限长的草地，禾本科牧草比例高些。从利用方式来看，刈割利用的上繁禾草比例大些；放牧利用的下繁禾草比例高些；刈牧兼用的，上繁禾草略大于下繁禾草。混播牧草的比例大小不能一概而论，要因地制宜，根据当地自然条件、牧草品种、草地利用年限、利用方式等因素综合考虑。

从人工草地修复重建成效来看，一般选择适应强、利年限最长的多年生牧草品种混播组合，也可以针对降水量比较低、蒸发大的区域，采用当年生牧草与多年生牧草一定比例混播种植，在不影响多年生牧草吸收养分、水分、光照、生长期前提下，当年生牧草生长到一定程度收割利用，对多年生牧草具有复壮保护及提高越冬率作用，还能当年可收获。

一、牧草混播的优越性

（一）产量高而稳定

不同类型牧草的地上部分、地下部分，在空间上具有较合理的配置比例，能够充分地利用阳光、CO_2及土壤养分、水分等，制造更多的有机物质。同时，由于不同类型牧草的寿命不同，生长速度也不一样，当其中一种牧草衰退时，另一种牧草也可以弥补上。因此，各年牧草产量比较稳定。

（二）改善牧草品质

由于豆科牧草含有较高的蛋白质、钙和磷等。禾本科牧草含有更多的碳水化合物等，两者混播比其任何一种单播牧草的营养成分都全面，品质优秀。而且牧草混播还可以减轻牧草病虫害和杂草的为害。

（三）便于收获和调制

有些牧草具有匍匐或缠绕的生长习性，单播时匍匐于地上或易倒伏，与直立型牧草混播可防止倒伏，便于收获，更有利于干草调制和青贮。禾本科牧草茎叶含水量较少，水分散失较均匀，又不易脱落，而豆科牧草含水量较多，且茎叶含水量差异较大，水分散失不均匀，干燥时间延长，叶片易损失，调制较难。混播牧草则较易调制，干燥时间缩短，损失也减少。

（四）改善土壤结构

土壤的肥沃程度决定于土壤的结构和稳定性，而土壤的结构性和稳定性又取决于土壤植物根系的数量及豆科牧草吸收土壤钙质的能力。实践证明，豆科和禾本科牧草混播能在土壤中积累大量的根系残留物。禾本科牧草根系浅，具有大量纤细的须根，主要分布在表层30 cm以内，而豆科牧草根系深，入土深度1～2 m，甚至更深。

混播增加了单位体积内根系的重量，这些根系死亡之后即成为土壤腐殖质的来源。禾本科的须根把土壤分成细小的颗粒，豆科根系能从土壤深层吸收钙质，钙与土壤中的腐殖质结合，形成稳定性的团粒结构。因此，提高土壤肥力，使后作具有显著的增产作用。

（五）减轻杂草的为害

混播草地茎叶繁茂，周密的草层抑制了杂草的生长发育，使其生长细弱，分支分蘖减少。特别是混播牧草封垄后盖度增大的情况下，杂草的竞争力削弱，生长锐减，开花结实率降低，产生种子难。遗留在土壤中的杂草种子出苗率少，即使出苗也因混播牧草的遮阴，不能进行光合作用而饥饿死亡。混播牧草减轻杂草为害的程度取决于混播牧草的组成、混播群落的密度和稳定性。混播群落周密稳定，杂草就少；反之就较多。

二、牧草混播的原理

（一）形态学原理

一个混播群落中，通常各成员都具有一定的空间，构成垂直结构和水平结构，即成层结构，从而显著提高了植物利用环境资源的能力。由于豆科牧草和禾本科牧草在形态学方面有着显著的差别，如豆科牧草叶片分布较高，禾本科牧草则较低，豆科牧草叶片平展，禾本科牧草的叶片斜生，这种叶片和枝条的成层分布及叶片的不同空间排列对于光线的拦截是很重要的。优良的混播组合中，常根据牧草形态的差异（上繁草与下繁草，宽叶与窄叶等）进行合理搭配，充分利用光照。

另外，混播时由于不同草种的根系多少，深浅和幅度大小各异，地下根系的分布也存在着互补现象。豆科牧草属直根系，入土可达200 cm以上；禾本科牧草属须根系，主要分布在土壤表层30 cm以内。两者在土壤中分层分布，从不同深度的土壤吸收水分和养分。

（二）生长发育特性

通常牧草种类不同，生长发育速度和达到最高产量的年份都有差异。寿命短牧草第一、第二年的产量较高，第三、第四年开始衰退；中寿命牧草第二、第三年的产量较高，第五、第六年逐步衰退；长寿命牧草第三、第四年的产量最高，寿命10年以上。混播后能较快地形成草层，每年都有高额而稳定的产量，还能防止杂草侵入，延长草地利用年限。一年内不同牧草适宜的生长季节也各不相同，耐寒性强的牧草早春及秋季生长良好，夏季生长缓慢或停止生长，耐热牧草则夏季生长良好。两者混播，和发挥各自优势获得高产稳产。

（三）营养互补原理

豆科牧草和禾本科牧草的营养特点不同。豆科牧草从土壤中吸收的钙、磷和镁较多，而禾本科牧草吸收的硅和氮较多，混播会减轻对土壤中矿物质营养元素的竞争，使土壤中各种营养得以充分利用。同时，豆科牧草能固氮，除自身生长发育外，还可以满足禾本科牧草的部分氮素需要，而且禾本科牧草对固氮产物的利用可促使豆科牧草的固氮作用增强。

（四）生理学原理

根据生态学原理，一个植物群落的各成员总是在已有的条件下适应、竞争，并取得持久平衡。不同牧草的竞争力不同，生态定位也不完全一致。草地内不同生态因子都具有明显的梯度变化，不同梯度为不同草群所占据、适应和利用构成生物的生态位。不同生物种群只能生活在某一特定的生态因子中，即生活在某一生态位。混播牧草可通过选择光、温、水、肥、CO_2五个生态因子要求各异的草种组成的群落系统，这些种群在他们对群落的空间、时间和资源的利用方面，以及相互作用的可能类型，都趋于相互补充而非直接竞争。因此，混播草地能更有效利用环境资源，维持持久高额生产力，并具有更大的稳定性。

三、混播牧草的组合

根据实际需要确定混播牧草组合时，在各个生物学类群中可以选择2种或2种以上不同类型的牧草混播。例如：以提高牧草营养养分为目标，燕麦＋箭筈豌豆，燕麦＋橄榄型油菜；以提高牧草抗倒伏能力为目标，燕麦＋绿麦；燕麦＋饲用油菜（可选择高秆油菜）；以提高营养、产量、抗倒伏，燕麦＋箭筈豌豆＋饲用油菜等；以建立多年生人工草地，可根据利用价值，披碱草＋早熟禾＋星星草等混播种植。

（一）混播牧草组合比例

通常，利用2～3年的草地，混播成员以2～3种为宜；利用4～6年的，以3～5种为宜；长期利用的，混播牧草组合不超过5～6种。

2种牧草混播时，每一牧草播种量各按单播量70%～80%计算，多年生混播草地，各牧草在生长过程中彼此间存在着竞争，为保持草地牧草组合比例，播种时通常适当增加竞争力弱的牧草的实际播种量。增加播种量根据草地利用年限而定，短期混播草地增加25%，中期混播草地增加50%，长期混播草地增加100%。

多年生牧草混播比例一般为老芒麦、垂穗披碱草等上繁草占单播用量的70%～80%，紫羊茅、星星草、冷地早熟禾等下繁草占单播用量的20%～30%，无芒雀麦、草地早熟禾等根茎型牧草占单播用量的10%～30%，多年生与一年生牧草混播比例一般为一年生牧草占单播用量的50%，多年生牧草占单播用量的80%（图3-8）。

图3-8 色尼区草牧业科技示范村生态修复示范点

（二）混播方法

1. 撒播

是最为简单的一种播种方式，主要是指各种牧草混合后分别撒在田间，然后采取各种方法覆土。这种播种技术容易掌握，播种速度快，但种子分布不均匀，抓苗保苗困难，不便于田间管理。

2. 条播

分为同行条播与间行条播。

（1）同行条播。取决于混播牧草的生物学类群和特性。同行条播是将混合牧草播于同一行内，行距通常在15 cm左右。这种方法的优点是操作简便省工，缺点是由于各种牧草种子大小、形态不一致，覆土深度难以同时控制，难以保证播种质量，同时造成幼苗的竞争和彼此抑制。

（2）间行条播。目前运用较多。即播种1行牧草，相邻播种1行另类牧草，将豆科牧草和禾本科牧草分别间行播种。可分为窄行间行条播（行距为15 cm）和宽行条播（行距为30 cm）。在窄行中播种不喜光或竞争力较强的牧草，而在宽行内播种喜光或竞争力较弱的牧草。当播种三种以上牧草时，一种牧草播于一行，而另两种播于相邻的另一行，或者分种间行播。

3. 交叉播种

主要是指一种或几种牧草在同一行条播后，与该行垂直方向播种其他牧草。这种方法的优点是牧草间的抑制作用较小，每种牧草播种深度适当，播种较为均匀。缺点是需要进行两次播种，投入花费较多，同时田间管理工作比较困难。

4. 宽窄行间播种

15 cm窄行与30 cm宽行相间条播。

5. 撒、条播

行距15 cm，一行采用条播，另一行进行较宽幅的撒播。或将各类牧草分播带播种，播带宽40 ~ 200 m。人工撒播和飞机播种，也可将混播牧草的种子混合均匀后撒播。

第四章 区域人工草地建植技术

那曲是以天然草地放牧利用为主冬春饲草极度缺乏的草原畜牧业，草地过度利用现象比较严重。利用好牧区水热条件优越、地势地理较好的区域或鼠荒地、裸荒地等建植高产人工草地，可以有效缓解冬春饲草料缺乏问题，同时可以减轻放牧对草场的压力（图4-1至图4-3）。

图4-1　西部饲草基地牧草收割

图4-2　西部饲草基地牧草晾晒

图4-3　西部饲草基地牧草装车入库

第一节　规模化人工草地建植技术

一、技术流程

选地—灭鼠—土地开垦—整地—土地处理—施肥—播种—压实—田间管理。

二、主要技术方法

（一）地块选择

地块选择是人工草地建植成功的第一步。它关系到人工草地产量的高低，涉及以后农业技术措施的制定和实施以及产品运输、利用等问题。一般要根据该地区农业生产产业布局和合理用地规划，有计划、有步骤地进行。选择地块时应考虑以下4点：

（1）地势相对平坦，坡度应小于10°，土壤肥沃。

（2）无沙化危险，切忌在风口处，以免引起风蚀沙化。

（3）旱作人工草地，要求在地下水位较高，或天然降水较为充沛地区。一般应选择在水土条件较好的丘间谷地以及河漫滩地进行。

（4）距居民点及冬春营地较近，便于管理和运输。

地块选择好以后，下一步进行人工草地建植域内外进行鼠害治理。

（二）鼠害防治

人工草地建设区域鼠害防治也是人工草地建设及提质增效的重要组成部分，但很大程度上一直忽视着这一重要环节，鼠害更是成为影响人工草地的重要因子。

建植人工草地地块确定后，在人工草地建植区域内外大范围内进行灭鼠，采用C型肉毒梭菌生物药剂配比饵料（1∶1）进行投饵灭鼠，或鼠道难生物灭鼠剂投饵灭鼠。目前，那曲鼠害发生面积大，直接投饵灭鼠灭效差、投入高，很难达到预期成效，建议使用那曲市原草原站研制推行的鼠害隔离防治技术进行区域饲草基地隔离网隔离控制灭鼠，可实现一次投入长期见效。

灭鼠处理后进行翻耕耙耱，为牧草种子发芽、生长准备好适宜的生长环境。有条件的区域，翻耕整地前灌溉一次，有利于翻耕整地。

（三）土壤翻耕整治

1. 翻耕土地

土地深翻开垦，那曲以春末翻耕为宜，自东向西刚入雨季时最为适宜。因为此时土壤墒情（水分）适当，耕地阻力小，耕作质量好。另外这时相对温度高、雨水多，有利于促进有机质分解。春季开垦种植可当年见效，但只能在条件较好的土地上才可进行。翻耕深度以超过草根层5 ~ 10 cm为原则，一般深耕在15 ~ 20 cm为宜。翻耕后要耙耱和镇压，耱碎土块，并防止透风失水。

2. 平整土地（耙地）

用圆盘耙、旋耕碎土机等进行。将土块拍细、平整，清除土地上的杂草、石块等。为播种创造良好的地面条件。在春末（自东向西4月底至5月底）土壤开始解冻时耙地，可以减少土壤水分蒸发，消灭杂草，改善土壤通气性，有利于牧草的返青和生长。

3. 土壤处理

首先做好土壤营养成分分析工作，进行土地的pH值测定，如pH值为4～5时，亩施石灰300 kg左右，pH值为5.0～5.5时，亩施石灰200 kg左右，调节到pH值6.5左右即可。

（四）施肥

在播种前，平整好的土地用农家肥和磷肥作底肥，每亩施用农家肥2 000～3 000 kg，磷肥50 kg，出苗后用尿素提苗，每亩施用5 kg。

（五）牧草品种播种量

播种量的多少主要由种子的净度和发芽率决定。一般按照以下2种公式计算。

单播时牧草的播种量=种子的用价为100%的播种量/种子用价（%）

种子用价（%）=发芽率（%）×纯净度（%）/100

混播时牧草播种量=牧草在混播中的比例×单播牧草的播种量/牧草的种子用价

播种量（kg/亩）=基本苗数×千粒重（g）/［种子发芽率（%）×种子净度（%）］出苗率（%）×100

（六）种子处理

对硬实度高的种子，通过机械处理、温水处理或化学处理，可有效破除休眠，提高种子发芽率。对禾本科牧草种子，通过晒种处理、热温处理或沙藏处理，可有效地缩短休眠期，促进萌发。

（七）牧草品种混播组合

根据饲草生产的目标不同，选择不同混播组合。例如：以提高牧草营养需要目的，燕麦+箭筈豌豆；燕麦+甘蓝型油菜；

以提高牧草抗倒伏能力，燕麦+绿麦；燕麦+饲用油菜（可选择高秆油菜）；

以提高营养、产量、抗倒伏目的，燕麦+箭筈豌豆+饲用油菜等；

以建立多年生人工草地目的，可根据利用价值，披碱草+早熟禾+星星草等混播种植。

（八）适时播种

那曲以春末播种为宜。具体以当年回温及灌溉条件、雨季情况而定。

（1）东部区域最适宜播种期为4月下旬至5月上旬，最迟不超过5月中旬。

（2）中部区域最适宜播种期为5月中旬，最迟不超过5月下旬。

（3）西部区域最适宜播种期5月下旬，最迟不超过6月上旬，以保证牧草和饲料作物有足够的生长期，既可获得高产，也有利于多年生牧草越冬。

（九）播种深度

播种深度是指土壤开沟的深浅和覆土的厚薄。牧草以浅播为宜，播种过深，影响种子萌发，播种过浅，水分不足不能萌发。播种深度的原则是：大粒种子应深，小粒种子应浅；疏松土壤应深，黏重土壤应浅；土壤干燥稍深，土壤潮湿者宜浅，轻质土壤4～5 cm，黏重土壤2～3 cm，小粒饲料作物则更应浅些。

（十）田间管理

1. 除杂

人工除杂，在牧草生长早期，杂草细小时浅锄，在牧草分蘖（枝）期，杂草根系入土较深时深锄；除草剂除草：播种前可用草甘膦、克无踪，但必须在一周以后才能播种，播种后根据种植牧草品种可用禾本科牧草选择性除草剂，如2,4-D-丁酯、百草敌；豆科牧草选择性除草剂，如高效盖草能（10.8%乳油）。

2. 补播

对出苗不整齐的地段补播优良牧草种子，务必使优良牧草覆盖率达到

95%以上。

3. 追肥

在牧草出苗后，第一次追肥应在开始生长到分蘖前进行，以氮肥为主，钾肥次之，可加快生长速度，促进牧草分蘖。第二次追肥应在牧草拔节前进行，施氮、钾肥。

（十一）灌溉

在那曲中西部干旱区，牧草返青前、生长期间、入冬前进行适当灌溉，以提高牧草产量。灌溉方式，以喷灌、滴灌、漫灌等。每次灌溉量一般30～50 m^3/亩，具体以土壤墒情和土壤质地而定（另牧草种植前灌溉保墒）。

（十二）牧草病虫害防治

那曲特殊的地理和高寒气候特点，病虫害较少，但病虫害的防治以预防为主。

（十三）越冬管理

为保障牧草的安全越冬，牧草每年最后一次刈割在当地初霜来临前一个月左右进行，刈割留茬为宜；冻结前少量灌溉，可减缓土壤温度变化幅度，但不应多灌，否则会增加冻害。

（十四）返青管理

多年生人工草地，牧草返青芽萌动后，生长速度加快，对水肥比较敏感，此时应根据牧草种类特性进行施肥，并视土壤墒情进行灌溉。返青期间为保护返青芽的生长，加强围栏管护、禁止放牧。

（十五）人工草地收获与利用

那曲人工草地主要利用方式以刈割为主（图4-4）。

1. 刈割时期

禾本科牧草首次刈割时期以抽穗到开花这段时间为宜；豆科牧草以现蕾期到开花初期为宜。

图4-4 尼玛县牧草收割

2. 刈割留茬高度

禾本科牧草的刈割留茬高度为4～5 cm；以根茎再生为主的豆科牧草（紫花苜蓿等）留茬高度以5 cm左右为宜；当年最后一次刈割留茬高度要比平时多5 cm，以利于翌年春天牧草及早返青。

3. 刈割次数和刈割频率

那曲中西部区的牧草一般一年刈割1次；东部区一年刈割1～2次。刈割频率原则上保证牧草有足够的恢复再生、蓄积营养的时间而定，一般牧草两次刈割间隔的时间要为40～50 d。

4. 牧草利用方式

刈割后的饲草可以作为鲜草，也可以作为调制青干草和加工草粉、青贮等。

5. 调制与贮藏

晒制青干草：将刈割的青草，就地铺摊暴晒1～2 d，每隔3～4 h翻动一次，等枝叶含水量降到20%左右时即可搂草打捆，就地田间排列存放，待完全干燥后打捆运回贮藏。也可运回农家院落或定居点任其自然风干或在晒场翻晒干燥后及时收藏，晒至青干草含水量保持在15%～17%。

（十六）放牧利用

放牧利用一般是先刈割利用，再生草放牧利用或者茬地放牧利用。

放牧时间。放牧时间一般以多数牧草处于营养生长后期为宜；对于混播多年生牧草，以禾本科牧草处于拔节期为宜。但由于那曲土壤结构差土层薄，寒旱并存、大风日时间较长的实际，放牧导致地表裸露、大风引起沙化等现象，除东部区域外不宜于放牧利用。

那曲人工草地放牧利用选择在开春前回温且土壤解冻之前，此时牲畜啃食践踏改善土壤表层理化性质，同时牲畜粪便排泄能够增加土壤养分，有利于牧草返青及生长。

（十七）草地基础设施建设

1. 草地网围栏建设

在地段选择后或播种后，使用水泥桩刺丝网、菱形编结网、角钢立柱编结网进行围栏建设。

2. 灌溉设施建设

人工草地建植前修建灌溉设施，如修建水渠、铺设管道、挖井等（图4-5）。

图4-5 西部指针式灌溉

第二节 家庭人工种草技术

家庭人工种草，以牧户为单位利用自家畜圈暖棚、房前屋后裸露空闲地，采取农艺措施人工牧草种植促进单户饲草生产能力，也使饲草生产在家庭牧业发展中起到最大效益，成为解决冬春季饲草料储备及补饲的重要途径和畜牧业的基础保障，更是成为定居点生态治理与资源健康循环利用、减轻天然草地放牧压力的重要措施。那曲牧区居住分散，抗灾保畜瓶颈问题较为突出等实际，以家庭为单位，充分利用牧户夏季闲置畜圈暖棚，种植高产高品质当年生禾本科、豆科、十字花科等牧草；利用房前屋后裸露空闲地种植多年生禾本科牧草建立稳产人工草地，不断增加饲草料来源。

家庭人工种草是草畜系统耦合的一种模式，也是促进牧区定居点生态环境治理与健康循环利用的重要举措，更是传统畜牧业转型升级和提质增效的有效措施。它既是牧草就地生产、就近转化为畜产品，有效减少饲草收藏、运输成本和损失，保证家畜采食品质好、数量足的牧草，也是减轻天然草地放牧压力，家畜为植物生产提供粪肥、畜力，促进退化草地生态修复。

家庭人工种草可归纳为畜圈（窝圈）人工种草、棚圈人工种草、房前屋后裸地人工草地建植，前两者为冬圈夏草设施循环利用，后者为建植刈割放牧兼用稳产人工草地。

一、畜圈（窝圈）人工种草

（一）技术路线

控制表层覆盖厩肥量—（有条件的灌溉保墒）深翻（浅耕）—整地—播种—覆土—适时收割—贮存利用。

（二）翻耕整地

清除地面多余的粪便及石头等杂物，翻耕土地，深耕20～30 cm，将表层耙细整平后种植；松软地不进行地面人工处理，在降雨后直接撒播草种翻耙覆土（图4-6）。

图4-6　房前屋后整地翻耕

（三）播种材料选择及混播组合

1. 草种选择

由于畜圈（窝圈）种草是对畜圈短期利用，应选择生长速度快、品质优、产量高的一年生牧草品种。适合那曲高寒牧区畜圈种植的一年生牧草有加燕2号、青引444、甜燕麦、箭筈豌豆、饲用油菜（藏南）、冬小麦（藏南）、绿麦草、青稞等。

2. 混播组合

混播组合是有利于提高收获牧草营养成分。

（1）组合一：燕麦+绿麦草+饲用油菜。

（2）组合二：冬小麦+绿麦草+饲用油菜+箭筈豌豆。

（3）组合三：冬小麦+饲用油菜+青稞+黄花草木樨。

（四）播种时间

家畜离开畜圈后即可播种，一般在5—6月进行。

（五）播种方式

采用以撒播方式为主。

（六）播种量

单播播种量：燕麦、小麦、绿麦、青稞15.0～22.5 kg/亩，一年生黑麦草3.0～3.5 kg/亩，饲用油菜1.7～2.5 kg/亩；混播播种量：燕麦（6 kg/亩）+绿麦草（6 kg/亩）+一年生黑麦草（1 kg/亩）+饲用油菜（0.5 kg/亩)；冬小麦（6 kg/亩）+绿麦草（6 kg/亩）+箭筈豌豆（3 kg/亩）+饲用油菜（0.5 kg/亩）；冬小麦（7 kg/亩）+青稞（7 kg/亩）+饲用油菜（0.5 kg/亩)。

（七）覆盖

撒播草种后用翻耙覆土，或驱赶牛羊群多次踩踏，利用牛羊群的踩踏进行覆土。

（八）管理

根据畜圈（窝圈）土壤水分含量和牧草生长情况进行适当灌溉。

（九）收割利用

牧草开花期收割青干贮藏利用。一般在8月底至9月初进行收割（图4-7)。

图4-7 房前屋后牧草收割

二、棚圈人工种草

（一）技术路线

控制表层覆盖厩肥量—灌溉—深翻—整地—播种—覆土—定期灌溉—适时收割—贮存利用。

（二）翻耕整地

棚圈内牲畜排除的粪便较多，土壤渗透尿液，过多的养分导致牧草造成严重损伤，根据牧草生长期土壤养分需求及棚圈内土壤表层厩肥实际情况，应及时铲除处理及控制土壤表面多余的厩肥。再进行翻耕整地，深耕20～30 cm，将表层粑细整平后种植。

（三）灌溉

土壤厩肥处理整地后，进行漫灌控制土壤墒情。

（四）播种材料选择

选择以当年生高产、高蛋白优质豆科牧草为主，草木樨、箭筈豌豆、红豆草等品种。

（五）播种时间

根据牧户牲畜出圈时间来确定，适宜时间为4月底开展种植牧草。

（六）播种方式

进行深翻整地后依次从牧草种子小到大均匀撒播覆土。

（七）播种量

混播以豆科牧草为主，每亩播种量箭筈豌豆6 kg+红豆草4 kg+草木樨0.8 kg。

（八）田间管理

那曲牧区高寒棚圈低矮、通气差、干燥，需要定期观察土壤水分含量情况，牧草生长情况进行灌溉。一般5～6 d灌溉浇透1次。

（九）收割利用

牧草开花期收割青干贮藏利用。

三、房前屋后裸地人工草地建植

（一）技术路线

选地—土地开垦—整地—土地处理—施肥—播种—压实—田间管理。

（二）翻耕整地

清除地面石头等杂物，翻耕土地，深耕20～30 cm，将表层耙细整平后种植，在降雨后直接撒播草种翻耙覆土。

（三）施肥

利用牧户畜圈内牲畜排泄的粪便厩肥资源较多，每亩施用2 000～3 000 kg有机肥料（厩肥）作为底肥。

（四）播种材料选择及混播组合

1. 草种选择

由于房前屋后种草是利用闲置裸地，应选择多年生禾本科牧草品种为主。适合那曲高寒牧区房前屋后人工种草牧草品种有垂穗披碱草、老芒麦、冷地早熟禾、星星草、无芒雀麦等。

2. 混播组合

混播组合是有利于人工草地植物种群建设与稳定。

组合一：多年生牧草与当年生牧草保护性混播种植，增加当年牧草产量，提高多年生牧草越冬率。披碱草＋老芒麦＋星星草＋早熟禾＋燕麦＋饲用油菜。

组合二：多年生牧草混播组合。披碱草＋老芒麦＋星星草＋早熟禾。

（五）播种时间

根据区域气候条件，雨季来临时进行播种。

（六）播种方式

采用以撒播方式为主。

（七）播种量

多年生牧草混播播种量：垂穗披碱草2～3 kg/亩＋老芒麦2～3 kg/亩＋星星草1～2 kg/亩＋早熟禾1.5～2.0 kg/亩；多年生与当年生混播播种量：燕麦（3 kg/亩）＋绿麦草（3 kg/亩）＋饲用油菜（0.5 kg/亩）＋垂穗披碱草2～3 kg/亩＋老芒麦2～3 kg/亩＋星星草1～2 kg/亩＋早熟禾1.5～2.0 kg/亩；冬小麦（3 kg/亩）＋绿麦草（3 kg/亩）＋饲用油菜（0.5 kg/亩）＋箭筈豌豆（3 kg/亩）垂穗披碱草2～3 kg/亩＋老芒麦2～3 kg/亩＋星星草1～2 kg/亩＋早熟禾1.5～2 kg/亩；冬小麦（3 kg/亩）＋青稞（3 kg/亩）＋饲用油菜（0.5 kg/亩）垂穗披碱草2～3 kg/亩＋老芒麦2～3 kg/亩＋星星草1～2 kg/亩＋早熟禾1.5～2.0 kg/亩（图4-8）。

图4-8 不同牧草混播

（八）田间管理

那曲牧区房前屋后种草地，有水源条件的根据土壤水分含量和牧草生长情况进行灌溉。

（九）收割利用

牧草开花期收割青干贮藏利用。一般在8月底至9月初进行收割。

第三节 多年生放牧刈割型人工草地建植

多年生放牧刈割型人工草地，是以生产宜于刈割、放牧兼用的高质量饲草为主要目标，兼保水固土、增加草地覆盖度和退化草地生态保护功能为一体的多年生禾本科牧草建群草地植被。具有抗寒、耐盐碱，再生性强等优良特性，具有发达的地下根茎，侵占能力很强，适宜在高寒、高海拔地区单播或混播用于建植人工擦地、补播改良天然草场等。这些牧草的再生性、分蘖能力很强，茎叶茂盛、产量高、耐牧性强，适于晒制干草和放牧。

在高寒草地应用比较普遍的多年生放牧刈割型牧草种子包括垂穗披碱草、多叶老芒麦、草地早熟禾，也可以耐盐碱的冷地早熟禾、星星草等牧草品种混播。

一、技术流程

地块选择—土壤选择—灭鼠—隔离设置—播前整地＋施肥—种子选择配比—播种覆土—田间管理。

二、主要技术方法

1. 地块选择

地势开阔、光照充足、土层厚、湿润、排涝方便、杂草较少的平地或坡度平缓地块。

2. 土壤选择

选择质地黏到中等、有机质含量高、肥力中等、pH值为5.5 ~ 8.5.

3. 灭鼠处理

用C型肉毒梭菌配置饵料、鼠道难投饵灭鼠处理。

4. 播前整地施肥

通过15 ~ 30 cm深翻、耙磨等工序是地表土块细碎、平整、无杂物和前茬残留物，翻地前施有机肥500 ~ 1 500 kg/亩、复合肥50 kg/亩（氮磷钾比列按实际土壤养分含量），随翻地翻入土壤中。

5. 种子选择

选择国家标准1级种子作为播种材料。

6. 播种方式

撒播、条播。

7. 播种量

单独条播播量为5 ~ 7 kg/亩，撒播的最佳播种量7 ~ 10 kg/亩。

8. 播种时间

东部区域4月初至5月初旬，中部区域5月初旬到6月初旬，西部5月底到6月中旬。

9. 播种深度

播种深度控制在2 ~ 3 cm，覆土后轻耙、磨（土质较松的进行镇压、盐碱地、黏性重的土壤不宜镇压）。

10. 田间管理

围栏保护，及时防治鼠虫害，防除杂草，从第二年起每年于拔节前期或返青期追施氮肥10～22 kg/亩、磷肥5～10 kg/亩，有条件的区域可视具体情况返青到分蘖、拔节、孕穗期灌溉2～3次。

11. 人工草地牧草的收获与利用

第二年开始，牧草抽穗后期收割、晾晒、贮藏，翌年牧草返青期、土壤解冻期前适当放牧利用，有利于牧草返青与生长。也可以牧草种子成熟落，翌年开春直接适当放牧利用，有助于牧草种子牲畜踩入土中，起到补播作用及牧草植被复壮效果（图4-9）。

图4-9 中部放牧刈割型草地

第四节 多年生牧草保护型套种人工草地建植

多年生牧草保护型套种人工草地建植，针对那曲降水量低、蒸发量高、牧草生育期短，采用适宜那曲生态牧草品种与当年生牧草品种一定比例混播种植，可有效防止土壤水分的快速蒸发，促进多年生牧草复壮和越冬保护作用，有助于植被群落的组成。

在藏北那曲保护型套种是以生产生态有机结合提高多年生牧草越冬和生产能力，采取适宜生态修复多年生牧草品种与当年生牧草品种保护型套种，以生态建设、修复重建，实现收获当年生牧草、多复壮保护年生牧草，及其生产生态协同发展为目标的重要措施。

一、保护型套种的优势作用

多年生牧草当年生长缓慢、植被覆盖率与产量低，容易土壤水分蒸发和杂草入侵抑制，以及野生禽类和鼠类对幼苗破坏。因此，在播种多年生牧草时，与一年生禾本科、十字花科等（牧草）作物混播，当年生牧草对多年生牧草起到保护作用，这种方法可称为保护型套种。与多年生牧草套种的牧草可称为保护型牧草。保护型套种的作用是减少杂草对多年牧草幼苗的为害和防治水土流失，有利于苗期复壮和越冬保护。

保护型套种：一是抑制杂草对牧草的为害和野生禽类（如黄鸭、黑颈鹤、斑头雁等）、鼠类（高原鼠兔、布氏田鼠等）对幼苗的直接破坏；二是利用一年生牧草（作物）生长快的特点，对牧草幼苗期防风、防寒的作用；三是一种翻耕重建后的多年生人工草地，能够有效防治土壤沙化和水分流失的作用；四是多年生牧草当年生长缓慢、地表覆盖率低的实际，充分利用土地空间，按一定比例保护型套种，可实现当年收获一定的牧草及提高草地的生产能力。

二、保护型套种的技术措施

保护型套种的缺点，在牧草生长后期对光照、水分、养分吸收有一定的影响，因此保护型套种应注意以下几个方面的问题。

（一）作物品种选择

保护型套种应选择抗倒伏、生长迅速、相对叶量少的禾本科、十字花科等牧草，如燕麦、绿麦、冬小麦、甘蓝型油菜等。因为这些牧草吸收水分养分不多，植被覆盖度低，竞争水肥及阳光能力弱。

（二）播种量和播种时间

保护型套种时，一般多年生牧草播种量与单播时相同，为了防止保护型牧草对多年生牧草的抑制，那曲高海拔区域保护型牧草的播量一般控制在40%～60%（具体可以按照当地灌溉条件、降水量、蒸发量来调控所需的牧草种子播种量；如降水量多、有灌溉条件的可以适当降低播种量，如没有灌溉条件、蒸发量高的可适当提高播种量）；保护型套种播种时间，也可以按照灌溉条件、降水量来确定，如有灌溉条件或雨水多的区域，可以保护型牧草采用较多年生牧草早15～20 d播种，后播种多年生牧草；如降水量低、蒸发量高、灌溉条件不好的区域，保护型套种可同期播种，避免两次播种对保护型牧草根系破坏或种子裸露在地表。

（三）播种方式

保护型套种，牧草播种时可交叉纵横播种，也可以间行播种即可（图4-10）。

交叉播种，先保护型当年生牧草种肥一体播种机横向或纵向播种（例如，在那曲中部当年生保护型牧草在5月中旬进行播种，多年生牧草在5月底至6月初套种即可；西部5月底种植保护型牧草，6月中旬多年生牧草套种即可），待15～20 d保护型牧草出苗时再纵向或横向免耕播种机播种多年生牧草，形成“田”字形，这有利于多年生牧草吸收水分、光照、养分的作用。

间行播种，按一定行距先播种当年生保护型牧草，然后间行播种多年生牧草，多年生牧草与保护型牧草之间的行距可根据自己经验或实际需求来确定，没有严格的具体要求。

（四）收获和利用

及时收获利用保护型牧草，有利于多年生牧草生育后期光照充足、充分吸收水分、养分，有助于牧草复壮、分蘖、提高越冬能力。那曲中西部一般在8月中下旬收获利用青草，留茬控制在10 cm左右即可，再生留茬用于多年生牧草越冬保护，翌年开春前适当放牧利用。

图4-10　牧草保护型套种

第五章　那曲区域化人工种草案例

大力发展牧区人工种草，是保护和建设藏北高原草原生态的积极实践。草原的第一功能是生态功能，解决草原保护利用和生态建设一个很重要的思路就是发展人工种草，人工种草以1亩人工草地的生产力换得10～20亩天然草地的休养生息，以增加饲草供应量，缓解天然草场放牧压力，恢复草原生态功能，成为世界上生态较好的地区之一。

大力发展牧区人工种草，是转变草原畜牧业发展方式的有益探索。草原是农牧民赖以生存的基本生产资料和发展畜牧业的重要物质基础，肩负着生态和生产的双重功能，藏北高原以牦牛、山羊、藏绵羊等传统畜种为主，牧民逐草而居、靠天养牧，98%以上的饲草料来自天然草原，由于自然因素和人为因素，草畜矛盾已严重制约牧区畜牧业的可持续发展，在藏北高原牧区发展人工种草，可以有效增强天然草场的承载能力。

那曲是海拔高、生态极为脆弱的高寒草地特色生态畜牧业产区，高寒草地生态脆弱、牧草品种单一、单位产出低、年份差异大，同时缺少具有一定规模高产出、高效益、高品质的人工草地及割草地来支撑牧业生产经营方式的转变。藏北高原牧区冬春饲草料极度短缺，草地过牧和草地退化现状较为突出，利用牧区水热条件较好、基础设施完善、海拔低、地势较好的区域或鼠荒地、撂荒地建植高产人工草地，是那曲草地畜牧业持续健康发展的重要举措之一，对提高饲草单产、保障畜牧业基础、防灾保畜、农牧民群众增收、调整农牧业结构及国民经济与社会持续发展有不可代替的作用；对保障生态安全、防治水土流失、维护生态平衡、发挥着重大作用（图5-1、图5-2）。

图5-1　中部放牧刈割型草地

图5-2 放牧刈割型草地

案例一

尼玛县尼玛镇饲草基地“高产优质全程机械化人工种草技术模式”

一、高产优质全程机械化人工种草模式的工作思路

按照那曲市委市政府“科学种草”的指示精神，积极探索那曲区域化人工种草适度规模、全程机械化人工种草模式。以“区域特点为抓手、探索创新、因地制宜”的工作模式，提升基础科研技术力量，提高科学服务水平；以“基础研究 + 合作社/公司 + 成果转化一体化”生产经营方式，及时转化成果，实现草牧业提质增效；以集中优势，集中资源，打造出那曲，甚至全区最具潜力的高产优质全程机械化有机饲草种植基地，加快那曲草牧业转型升级。

以尼玛县万亩有机饲草基地为平台，那曲市农牧业（草业）科技研究中心专业技术团队，筛选牧草品种推广、饲草高产生产技术示范为抓手，从牧

草选种及质量把关、种子播量及混播比例、测土配方施肥、翻耕整地、适时播种、不同生育期灌溉等田间管理、适时收割、饲草入库等，田间地头全面科学指导集成示范，定期做好牧草长势及天气、田间持水、土壤养分等观测和分析研判。通过区域抓手、科学种草、技术攻关、规范技术，把尼玛县万亩有机饲草基地打造成那曲西部可复制饲草种植生产示范点。

2021年，尼玛县饲草基地，全程机械化人工种草技术集成示范5 200亩，通过科学选种、科学种植、科学管理，平均亩产鲜草达到3 750 kg/亩，平均植株高度达155 cm，最高达193 cm。

2022年，以提高单产、降低损失为目的，规范技术、改进措施，在饲草基地开展示范种植，牧草平均株高160 cm，亩产鲜草突破4 069 kg/亩，牧草利用率达到78%。

2023年，燕麦植株高度152 cm，平均亩产鲜草达3 877 kg/亩。

尼玛县全程机械化人工种草面积为5 200亩，该区域全部配套灌溉设施，且水利灌溉系统均能充分发挥其作用。饲草基地投入成本其2020年开始计算，2020年共产草1 953 t；2021年共产草量达到3 800 t，实际入库2 500 t，以3 000元/t计算，产值约750万元；产草量其可入库1 820 t时投入产出持平。2022年人工草地提质增效高产种植示范1 000亩，产草量达1 050 t，实际入库780 t，藏北那曲高寒牧草区域化人工种草适度规模投入与经济效益详见表5-1、表5-2。

表5-1　区域化全程机械、适度规模人工种草投入

序号	支出	区域化规模种植（公司、合作社）	
		第一年（元/亩）	第二年（元/亩）
1	人工费	100	100
2	肥料费	505	210
3	油料费	32	32
4	灌溉费	90	90
5	种子费	220	220
6	装卸费	1.5	1.5
7	合计	948.5	653.5

表5-2 那曲人工种草效益分析

序号	投入产出	小规模房前屋后种植（牧户）	区域化规模种植（公司、合作社）	
			第一年	第二年
1	投入	913.5元	948.5元	653.5元
2	干草产量	500 ~ 750 kg	475 ~ 750 kg	475 ~ 750 kg
3	价格	3元/kg	3元/kg	3元/kg
4	效益	586.5 ~ 1 336.5元	446.5 ~ 1 271.5元	741.5 ~ 1 566.5元

二、高产优质全程机械化人工种草设备选型

人工种草农机设备选型规格较多，适合于高寒偏远地区人工种草设备选型，根据人工草地建植的规模大小和用途选择适合的农机设备，要考虑到设备维修成本低、零配件采购价廉方便、动力足经久耐用的国产拖拉机、播种机、驱动耙、施肥机、旋耕机等配套设备（图5-3至图5-5）。

图5-3 牧草种植–土壤整地驱动耙（动力耙）

图5-4　牧草种植-种肥一体播种机

图5-5　牧草收割机

三、高产优质全程机械化人工种草场地选择

高产优质全程机械化人工草地选择地势平坦，坡度不大，一般小于10°，比较开阔，土层厚度30 cm以上，土壤质地和水热条件较好，富含有

机质，适合播种牧草生长，水肥充足和具备水源，地下水位适中，距居民点、养殖牧户和畜群点比较近、交通方便的土地。

四、高产优质全程机械化人工种草地块整理

高产优质全程机械化人工种草土地整理包括除杂、耙地、旋地、镇压等。在整地前做好土壤养分分析工作，为后期施肥工作奠定基础，根据牧草对营养元素的需求，做到缺什么、补什么，缺多少、补多少，保证牧草的正常生长和发育的需求。

牧草种植需进行翻地、耙耱、播种镇压3次土壤处理。首先，播种前深翻耕作层25～30 cm；其次，用圆盘耙进行耕地整平，破碎0～20 cm土壤中较大土块；最后，用施肥播种一体机进行播种，且在播种机后面悬挂100～200 kg的镇压器进行最后压实压平，促进土壤的蓄水保墒作用（该种植阶段采用“边翻地、边耙耱、边播种镇压”同时进行，由于藏北高原该时间段正处于大风天气，减少水分蒸发）（图5-6）。

图5-6　全程机械化人工种草整地

（一）除杂

选择晴天，喷洒春多多或农达等灭生型除草剂，全面清除地面植物；同时用捡拾机清除大石块等异物。

（二）耙地

用圆盘耙纵横交错耙地3 ~ 4次，耙出杂草根茎、石头、地下害虫等，保持田间清洁。

（三）旋地

土地耙松后，撒施基肥，一般施用有机肥2 000 ~ 2 500 kg/亩，然后用旋耕机对地面进行旋耙，平整地面，细碎土块，使土壤表层粗细均匀、质地疏松。

五、高产优质全程机械化人工种草基础设施建设

（一）草地围栏建设

在地段选择后或播种后，开展围栏建设工作，防止牲畜的进入。

（二）灌溉系统

在相对干旱地区配套灌溉系统，如打机井，修水渠，修建喷灌设施等。

六、高产优质全程机械化人工种草草种及组合

适用于那曲高产人工种草的品种选择性不强，主要选择青海444、甜燕麦、加燕2号、青引1号、青杂2号、青杂5号、青杂7号、箭筈豌豆、甘引1号等品种。由于藏北高原干旱少雨、大风天气较多、气候变化大等原因，一般选择抗寒抗旱 + 抗倒伏 + 高产饲草品种组合。一是藏北干旱少雨、土壤蓄水保墒能力较差，选择抗干旱的小黑麦；二是饲草种植基地每年大风天气持续时间较长，为防止牧草倒伏，选择抗倒伏的饲用高秆油菜；三是小黑麦叶量较少，适口性较差，为提高牧草叶量，适口性等问题，选取高产的青海444和甜燕麦。选择抗倒伏的饲用高秆油菜 + 抗干旱的小黑麦 + 高产的青海444 + 叶量大的甜燕麦，充分发挥各牧草品种优势，提高牧草的产量。

七、高产优质全程机械化人工种草播种技术

（一）种子要求

播种的种子要求纯净度高，籽粒饱满匀称、活力强、含水量低的牧草种子。豆科牧草种子含水量为12%～14%，禾本科牧草种子含水量为11%～12%。

（二）播种前种子处理

为了保证播种质量，播种前根据不同情况对种子进行除芒、清选等处理。

（三）播种

1. 播种时间

西部区域（班戈县、申扎县、尼玛县、双湖县）在5月下旬至月6月上旬。

2. 播种方式

人工种草通常采用条播、点播（穴播）和撒播等方式进行。通常使用种肥一体机进行条播。

（四）播种量

播种量的多少主要取决于种子的净度和发芽率来决定。一般藏北高原可参考以下公式（注：①海拔高度指种植点实际海拔高低；②建议海拔4 100 m以上区域用此公式；③海拔4 000 m以下建议播种量18 kg/亩。④千粒重在34～36 g类似品种可参考）。

$$\text{播种量（kg）}=\frac{\text{海拔高度}-3\,500}{200}+15$$

（五）播种深度

播种深度是指土壤开沟的深浅和覆土的厚度。牧草以浅播为宜，播种过深，影响种子萌发，播种过浅，水分不足不能萌发。播种深度的原则是：大粒种子应深，小粒种子应浅；疏松土壤应深，黏重土壤应浅；土壤干燥稍深，土壤潮湿者宜浅，轻质土壤4～5 cm，黏重土壤2～3 cm，小粒饲料作物则更应浅些（图5-7）。

图5–7　全程机械化人工种草播种

（六）田间管理

1. 破除土壤板结

地表出现板结，用短齿耙或具有短齿的圆镇压器破除。有灌溉条件的地方，也可以采用轻度灌溉破除板结。

2. 杂草防治

除杂宁早勿晚，要尽可能将其消灭在开花结籽之前。局部的杂、劣、病株等可用人工拔除，大面积饲草基地杂草一般采用化学防治。牧草出面后，需根据杂草的种类选择除草剂，选择晴朗无风的天气于露水干后进行。禾本科牧草基地可在三叶期选择2, 4-D-丁酯200 mL/亩或80 g/亩等除阔叶杂草。

3. 施肥与追肥

施肥一般按照30 ~ 60 kg/亩的牧草配方肥，在禾本科牧草分蘖和拔节期开展追肥工作，一般使用尿素，5 ~ 10 kg/亩。（如尼玛县基地可施用N：P：K=20：20：5牧草配方肥）

4. 灌溉

在播种前、后进行灌溉。播种后定期灌溉，播种后如指针式喷灌速度调至30 ~ 40 km/h（乌龟速度）保证一次性灌透；拔节期喷灌速度调至50 ~ 60 km/h（兔子速度），并做好田间观测。播种前灌溉：藏北高原从历年9月收割翌年种植，经过8个月的风吹散雨淋，0 ~ 20 cm耕作层水分严重不足，不能满足牧草种子发芽所需水分，播前灌溉很大程度上促进了发芽率，提高牧草出苗率。播种后灌溉：牧草种植完成后及时进行喷灌，保证土壤0 ~ 5 cm保持湿润。出苗期至拔节—孕穗期喷灌次数需逐步增加，孕穗后期—抽穗期逐渐减少灌溉次数（图5-8）。

图5-8　全程机械化人工种草灌溉

5. 病虫鼠害防治

藏北高原气候凉爽，病虫害几乎不易发生，但一定要做好鼠害防治工作，用C型、D型肉毒素菌灭鼠。

（七）人工草地收获

人工草地的饲草收获，采用往复式割草压扁机晾晒，根据收获牧草水分蒸发及含水量搂草机搂草摊晒，田间牧草水分含量达到18%以下时进行打捆待运输贮藏（图5-9至图5-16）。

图5-9 全程机械化人工种草收割牧草

1. 收割时期

禾本科牧草在开花至乳熟期进行收割。

根据藏北高原气象数据和牧草生长发育规律，确定牧草种植、收割时间。一般秋分前后一周开始收割期工作（若降水较多则推后一周，降水较少则提前一周）。

2. 收割留茬高度

禾本科牧草一般收割留茬高度控制在3～5 cm。在藏北高原大风天气持续时间长，留茬高度控制在5～10 cm，可有效降低风速和防止土壤流失。

3. 饲草利用方式

藏北高原一般收割后进行调制青干草。

图5-10　全程机械化人工种草-饲草收割晾晒田间观测

图5-11　全程机械化人工种草搂草翻晒

图5-12　全程机械化人工种草牧草打捆

图5-13　全程机械化人工种草牧草转运

图5-14　全程机械化人工种草-草捆田间晾晒

图5-15　全程机械化人工种草牧草装车

图5-16　全程机械化人工种草牧草入库

八、饲草基地土壤评价及测土配方施肥

（一）土壤评价目标

通过化验分析，掌握项目区土壤养分现状，明确土壤中的有效养分的含量，根据人工种植牧草对营养元素的需求做到缺什么、补什么，缺多

少、补多少，保证牧草的正常生长和发育。

（二）土壤测试项目与方法

1. 土壤分析测试项目

土壤全氮、全磷、全钾、有机质、速效氮、速效磷、速效钾、pH值、等共八项。

2. 土壤分析测试方法

土壤有机质：通常在其他条件相同或相近的情况下，在一定含量范围内，有机质的含量与土壤肥力水平呈正相关。采用重铬酸钾氧化法测定。

土壤全氮：土壤全氮含量是土壤氮素养分的贮备指标，在一定程度上反映土壤氮的供应能力。采用开氏定氮法测定。

土壤全磷：土壤全磷量即土壤磷的总贮量，包括有机磷和无机磷两大类。采用硫酸—高氯酸—钼抗比色法测定。

土壤全钾：土壤全钾量即土壤钾的总贮量，包括矿物钾、缓效性钾和速效钾。采用酸溶火焰光度计法测定。

土壤碱解氮：土壤碱解氮（有效氮）的含量与植物生长具有密切的关系。测定土壤中碱解氮的含量不仅可以反映土壤近期内氮素的供应情况，而且可以作为推荐施肥的科学依据。采用碱解扩散吸收法测定。

土壤有效磷：土壤中有效磷含量是指能为当季作物吸收的磷量。采用Olsen法（0.5 mol//L $NaHCO_3$浸提钼蓝比色法）测定。

土壤速效钾：土壤速效钾是指可以被植物直接迅速利用，或经过简单转化而直接利用的钾，同土壤肥力的相关性较大。采用1NNH40AC浸提—火焰光度计法测定。

土壤pH值：土壤pH值的大小直接影响植物生长和施肥效果，它是土壤肥力的一项指标。采用1∶1水溶液浸提，酸度计测定。

（三）土壤养分分析

土壤样品的采集采用多点混合取样法，每20个样点混合成一个土壤样品，共采集40个土壤样品进行分析测试，根据分析测试数据对土壤进行综合定量评定，以指导人工草地的施肥与生产。

结合前人的研究成果，将土壤养分测定值与牧草产量作相关分析，以此得出项目区土壤养分指标分级（表5-3）。

表5-3　土壤养分指标分级

丰缺等级	有机质（g/kg）	全氮（g/kg）	全磷（g/kg）	全钾（g/kg）	碱解氮（mg/kg）	有效磷（mg/kg）	速效钾（mg/kg）
一级	>40	>2.00	>2.5	>30	>150	>40	>200
二级	30 ~ 40	1.50 ~ 2.00	2.0 ~ 2.5	25 ~ 30	120 ~ 150	20 ~ 40	150 ~ 200
三级	20 ~ 30	1.00 ~ 1.50	1.5 ~ 2.0	20 ~ 25	90 ~ 120	10 ~ 20	100 ~ 150
四级	10 ~ 20	0.75 ~ 1.00	1.0 ~ 1.5	15 ~ 20	60 ~ 90	5 ~ 10	50 ~ 100
五级	6 ~ 10	0.50 ~ 0.75	0.5 ~ 1.0	<15	30 ~ 60	3 ~ 5	30 ~ 50
六级	<6	<0.50	<0.5		<30	<3	<30

1. 尼玛镇饲草基地土壤养分状况

尼玛镇饲草基地土壤耕层样品共取样20份，测定土壤养分化学性状，分析结果见表5-4。

表5-4　尼玛镇项目区耕层土壤养分特征

地块	项目	全氮（g/kg）	全磷（g/kg）	全钾（g/kg）	碱解氮（mg/kg）	速效磷（mg/kg）	速效钾（mg/kg）	有机质（g/kg）	pH值
尼玛镇	最大值	0.6	1.27	26.14	51	13.2	156	8.52	9.52
	最小值	0.12	0.62	15.03	10	1	22	2.26	8.72
	平均值	0.30	0.87	19.04	22.90	3.83	79.20	5.04	9.03
	标准差	0.15	0.14	3.06	11.11	3.03	41.34	2.01	0.25
	变异系数（%）	49.51	16.44	16.06	48.50	79.14	52.20	39.87	2.76
	样本数	20	20	20	20	20	20	20	20
	分级	六级	五级	四级	六级	五级	四级	六级	

2. 土壤有机质状况

土壤有机质是指存在于土壤中的所有含碳的有机物质，它包括土壤中各种动、植物残体，微生物体及其分解和合成的各种有机物质。显然，土壤有机质由生命体和非生命体两大部分有机物质组成。它在土壤的形成过程中，特别是在土壤肥力的发展过程中，起着极其重要的作用，它是土壤肥力的重要标志之一。土壤有机质含有植物生长所需要的各种营养元素，是土壤微生物生命活动的能源，对土壤物理、化学和生物学性质都有着深刻的影响。区域土壤有机质的来源主要是土壤生物体的分泌物——作物、动物分泌，有机质含量与气候、植被、地形、土壤类型密切相关。有机质的减少，使得土壤发生退化，耕层变浅；土壤结构的水稳性、力稳性丧失，容易发生破碎、板结，孔隙性发生劣变，表现在孔隙数量（容积）和质量（孔隙粗细及其相对比例）不协调，不利于土壤水、肥、气、热的协调，土壤的蓄墒、抗灾、缓冲能力下降，从而影响根系发育和水肥吸收。

土壤有机质是土壤肥力的物质基础，它不仅是土壤养分的主要来源，而且可以改善土壤耕性，促进团粒结构的形成，并且具有调节土壤水、肥、气、热的功能。因此，土壤中有机质含量的多少，是衡量土壤肥力高低的重要指标。尼玛镇饲草基地的有机质含量在2.26 ~ 8.52 g/kg，平均含量5.04 g/kg与项目区土壤养分指标分级系统对比，处于六级水平。说明，尼玛镇项目区土壤有机质总体含量极低，不利于牧草的生长和发育。

3. 土壤全氮、碱解氮

氮素是植物生长不可缺少的营养元素，土壤中全氮是土壤氮素的总贮量。土壤中氮素形态分有机态和无机态两种，而土壤中主要以有机态氮为主，但这部分氮必须在微生物的分解转化作用下，变成无机态氮，才能被作物吸收利用，而无机态氮只占土壤全氮的5%左右，所以大部分土壤都缺乏氮素。同时，土壤中全氮含量的多少，受植被、气候及土壤质地、地形等因素的影响。测定土壤全氮含量，掌握土壤氮素的储备状况和供应能力，是判断土壤肥力的指标之一。

尼玛镇饲草基地全氮含量在0.12 ~ 0.60 g/kg，平均含量0.3 g/kg与项目区土壤养分指标分级系统对比，处于六级水平。说明项目区土壤全氮总体含量极低。

土壤碱解氮是作物从土壤中可以直接吸收利用的有效养分，是指当季作物能被吸收利用的氮素，它是土壤全氮的一部分，也指有效性氮。它可以直接反映本季作物有效性氮的丰缺状况，从而确定氮肥的施用量。尼玛镇项目区土壤碱解氮含量在10～51 mg/kg，平均含量22.9 mg/kg处于六级水平。说明项目区土壤碱解氮总体含量偏低。

4. 土壤全磷、有效磷

土壤中磷可分为有机磷和无机磷两类。全磷是指两种形态的磷的总和，土壤全磷含量高低，是潜在磷素的相对指标，该地区石灰性土壤主要以无机态磷酸钙为主，约占全磷的60%。土壤中含磷化合物绝大部分是难溶性的，能被水和弱酸溶解的数量很少，因而经常出现缺磷症状，测定土壤全磷可了解土壤中含磷状况，为合理施用磷肥提供依据。尼玛镇饲草基地土壤全磷在0.62～1.27 g/kg，平均含量0.87 g/kg处于五级水平。说明尼玛镇饲草基地土壤全磷总体含量处于较差水平。

土壤速效磷是指当季作物能吸收利用的枸溶性磷和水溶性磷，它可以直接反映土壤供应状况，对合理施肥有着直接的指导意义。尼玛镇的土壤速效磷含量在1.0～13.2 mg/kg，平均含量3.83 g处于五级水平。说明项目区土壤速效磷总体含量偏低。

5. 不同项目区土壤全钾、速效钾

从植物营养角度看，土壤中全钾可分为三种：即速效钾，缓效钾和结构钾，而自然情况下土壤钾绝大部分为难溶性的，因而不能被作物吸收利用，植物所能利用只有水溶性钾和交换性钾，而这两种钾的含量较少，只占全钾的1%～2%。青海土壤中全钾含量普遍较高，但随着农田长期耕作，钾素在不断消耗，如长期不施钾肥，也会影响作物产量。因此，测定土壤全钾的目的，主要是了解钾素在土壤中的储备水平。说明文部乡土壤全钾水平处于较高水平；尼玛镇的土壤全钾含量在15.03～26.14 g/kg，平均含量19.04 g/kg处于四级水平。说明尼玛镇饲草基地土壤全钾含量处于中等水平。

土壤速效钾是水溶性钾和交换性钾的总和，它的高低可直接反映当季作物是否缺钾。尼玛镇饲草基地土壤速效钾为22～156 mg/kg，平均含量79.2 mg/kg处于四级水平。说明项目区土壤速效钾总体含量中等偏下水平。

6. 不同饲草基地土壤pH值

pH值是土壤的重要性质，它与土壤形成过程和土壤中各种养分的转化关系极大，它的高低可判断土壤是否发生碱化，为改良利用土壤提供依据。中性土壤pH值为7，而石灰性土壤pH值一般都在8以上，pH值超过8.51土壤有可能发生碱化。尼玛镇饲草基地的土壤pH值为8.49～9.52，平均9.03，pH值大部分超过了8.51。饲草基地土壤养分均为中等变异性，总体pH值水平较高，对于种植作物会产生较大影响。说明，尼玛镇饲草基地土壤均存在碱化发生的可能，在今后的生产中要注意土壤pH值的改良。

草地合理的施肥、必须把牧草、肥料、气候、土壤环境四者联系起来，草的品种类型不同，用途不同，土壤状况不同均会影响施肥方案。因此草地施肥必须因地制宜，因草制宜、才能发挥肥料最佳作用。

单从土壤样品测定结果来看，在今后的生产过程中要通过平衡施肥，培肥土壤，在利用中做到用地养地相结合，达到可持续利用的目的。结合文部乡饲草基地的土壤养分状况，推荐人工种植牧草施肥以施用配方肥为主，提高土壤的供肥能力和牧草对养分的需求，推荐施肥：高肥力水平下，牧草配方肥40%N：P_2O_5：K_2O=16：19：5，亩用量25～30 kg；中等地力水平，牧草配方肥35%N：P_2O_5：K_2O=14：16：5，亩用量25～30 kg。

结合尼玛镇饲草基地的土壤养分状况，推荐人工种草施肥以有机肥与配方肥配合施用的施肥方式，施入有机肥以提高土壤保肥、保水及抗寒能力，增加土壤有机质含量，同时施入牧草配方肥以保证牧草生长、发育对养分的需求，推荐施肥：施入商品有机肥500～800 kg/亩，配施牧草配方肥35%N：P_2O_5：K_2O=14：16：5，亩用量25～30 kg。

案例二

高寒牧区家庭人工种草（房前屋后，圈窝子人工种草）循环利用技术模式

那曲高寒牧区气候寒冷、热量不足，天然草地牧草生产力较低，近几年来，虽进行有计划的减畜工作，草地畜牧业基本达到以草定畜，但天然草地生产力和自我复壮缓慢，牲畜依然处于“夏壮、秋肥、冬瘦、春乏”的半饥饿状态，饲草料的短缺，尤其是冬春季节接羔育幼期间，防抗灾及补饲饲草料严重缺乏。因此，针对那曲饲草料短缺的问题，近年来积极探索开展房前屋后人工种草技术研究与示范，选择适宜种植区域、筛选优质高产牧草品种、规范种植及收获贮藏技术、形成牧草田间管理流程、培训指导牧户科学饲养牲畜，提高饲草料生产能力，缓解高寒牧区草畜矛盾，解决接羔育幼时期饲草料短缺问题，是那曲高寒牧区畜牧业提质增效、持续发展的重要途径之一，同时，是缓解天然草地的放牧压力和退化草地休养生息的一个有效措施，逐步形成冬季圈养牲畜，夏季种植牧草的循环利用技术（图5-17、图5-18）。

图5-17　家庭人工种草整地

图5-18　家庭人工种草牧草种植操作技术培训

家庭人工种草是那曲高寒牧区牧业生产实践中逐步探索出来的一项饲草料补给和缓解天然草场放牧压力的有效措施，主要作为防灾保畜饲草料（图5-19），较天然草地具有温度高、湿度相对大、底肥足、产量高等优势。

图5-19　家庭人工种草收割

家庭人工种草，于20世纪70年代开始在那曲不断推行，鼓励牧民生产饲草、冬春补饲促进保畜增效的主要途径。2013年以来，重点作为带动牧户饲草生产推动牧业转型升级提质增效的主要措施，以“抓典型、促示范”

的模式，先后在色尼区那么切乡、那曲镇、罗马镇、达萨乡，安多县强玛镇、扎仁镇、果组乡，以及班戈、尼玛、申扎、索县、嘉黎、比如县、聂荣等区域，进行家庭人工种草集成示范工作。

家庭人工种草，采取科技支撑、牧户参与，由牧户出劳力、出地，由专技人员提供良种、实地操作、技术培训、跟踪服务，形成“牧户+科技支撑+跟踪服务”的模式，获取群众利益最大化。

2020年家庭人工种草（圈窝子、裸荒地）示范249户，平均每户种植面积1亩，主要种植青海444、甜燕麦等品种，平均亩产鲜草3 700 kg/亩（折合青干草925 kg/亩），约230.3 t，市场价3 000元/t计算，总产值69.1万元，除去成本7.27万元，净收益61.83万元，户均增收0.25万元。

2021年那曲市农口家庭人工种草推广面积达4.59万亩。带动示范户500余户，主要种植青海444、甜燕麦、饲用油菜等品种，平均亩产鲜草3 966 kg（折合青干草991.5 kg/亩），约495.75 t，市场价3 000元/t算，总产值148.73万元，除去成本14.6万元，净收益134.1万元，户均增收0.27万元。

2022年示范带动家庭人工种草示范户705户，约种植面积564亩，主要种植青海444、甜燕麦、饲用油菜、箭筈豌豆、绿麦等品种，平均亩产鲜草达3 900 kg/亩（折合青干草975 kg/亩），约687.38 t，按市场价3 000元/t计算，总产值206.21万元，除去成本20.59万元，净收益185.62万元，户均增收0.26万元。

一、研究背景

那曲高寒牧区位于青藏高原腹地，是西藏重要的畜牧业产区之一，平均海拔在4 500 m以上，由于其特殊的地理位置和气候条件，高寒缺氧、气候干燥，生境严酷，夏季短暂，冬季漫长而寒冷，热量不足，草地生态系统极为脆弱，牧草低矮且覆盖度降低，牧草生长周期短，加之气候影响和人为活动因素，加剧草地逐步退化、沙化，引起高寒牧区天然草地优质牧草比例降低，天然草地产草量下降，草地生产力较低，传统全天放牧极易造成草地重度退化，同时已不能满足牲畜优质的饲草需求。

虽在藏北高原积极开展了大面积人工草地建设，但由于海拔高、面积大、灌溉难，管理不到位、缺乏人员管护，没有规范的人工种草技术规程，饲草产量效益没达到预期的效果。另外，在低海拔农区，气候温暖适宜，多以农田为主，主要种植青稞等农作物，青稞等经济作物秸秆又可作为牲畜冬春季饲草料，且农区牲畜较少，饲草料较为充盈，而高寒牧区主要以畜牧业为主，多以草原放牧为主，饲草来源渠道较少，加之牧户牲畜较多，人、草、畜矛盾日益尖锐。因此，针对天然草地饲草料供应不充足、草畜不平衡的背景下，急需在那曲高寒牧区研发一种优质高产人工种草技术，充分利用牧户房前屋后空闲区域、季节性畜圈以及永久闲置的畜圈，开展房前屋后人工种草技术推广，从种植区域、品种选择、种植技术、田间管理、收获贮藏、科学补饲等环节进行规范，提高特殊区域人工草地牧草产量，坚持以草定畜原则，进一步提高畜牧业经济效益，增强冬春季节防抗灾饲草储备和幼畜、产仔母畜、泌乳畜补饲草料，提高幼畜成活率，提高牲畜畜产品，保障畜牧业基础，促进农牧民持续增收，逐步引导农牧民走放牧与补饲相结合的草畜平衡畜牧业发展路子。

二、推广意义

（一）那曲高寒牧区家庭（房前屋后）人工种草的必要性

房前屋后人工种草是高寒牧区畜牧业生产实践中，逐步探索出来的一项饲草料补给和缓解天然草地放牧压力的有效措施。房前屋后人工种草面积虽小、但极易管理，房前屋后四周挡风保温，种植区域内温度高、湿度大，底肥足。那曲高寒牧区房前屋后人工种草技术是充分考虑高寒牧区冬春季牧草供应不足和夏季房前屋后闲置等现状，在夏季空闲时种植高产优质牧草，精耕细作建立小面积人工草地，加强水、肥管理，在那曲9月中下旬至10月初进行刈割，晾晒堆垛或装袋贮藏。房前屋后人工种植的青饲草，可作为高寒牧区冬春季幼畜和哺乳期母畜补饲饲草料或作为防灾抗灾应急饲草料储备对保畜增效、抗灾增收具有重要作用。因此，开展高寒牧区房前屋后适宜区域人工种草循环利用技术研究，充分发挥高寒牧区肥力充足、棚圈局部气候等优势，冬季圈养牲畜，夏季种植牧草，因地制宜地开展高寒牧区房前屋后人工种草循环利用技术，通过典型示范基地的示范和推广，实现农牧耦合产业化发展，减轻高寒牧区草原放牧压力、提升高寒牧区畜牧业生产和牧民生活水平，为那曲高寒草地保护与生态畜牧业提质增效和持续发展提供科技支撑。

（二）那曲家庭人工种草的重要性

1. 增加饲草储备，缓解草畜矛盾

近几年通过对那曲不同草地类型草地生产力的监测，那曲牧草鲜草产量普遍较低，以申扎县为例，申扎县高寒草甸平均亩产鲜草55.4 kg，高寒草原平均亩产鲜草26.5 kg，天然草地牧草产量较低。在那曲低海拔县域进行适度规模人工种草和房前屋后牧草栽培技术的推广，适度规模人工草地亩产鲜草量可达2 800～3 600 kg，房前屋后人工种草亩产鲜草3 900～4 900 kg。通过适度规模和房前屋后牧草种植技术开展人工种草，可增加牲畜饲草料储备，弥补天然草地饲草不足的问题，走放牧与补饲相结合的畜牧业发展路子，可以有效减轻天然草地的放牧压力，使天然草地能够自然恢复，缓解草畜矛盾，成为解决那曲冬春季饲草不足有效措施，有力保障那曲高寒草地畜牧业基础。

2. 遏制草地退化，保护草原生态环境

近几十年来，那曲高寒草地出现了不同程度的退化，严重影响了草地生态系统生产生态功能。遥感监测结果显示：截至2010年，藏北高原草地退化面积比例达到58.2%，总体接近重度退化水平（干珠扎布 等，2019），与1980年相比，藏北高原重度及极重度退化草地面积有所增加，草地退化情况不容忽视（曹旭娟 等，2016）。因此，亟须开展适度规模和房前屋后人工草地建设，缓解天然草地放牧压力，使天然草地能够休养生息，以恢复生产力。那曲适度规模和房前屋后人工种草技术一方面弥补了畜牧业发展的饲草料不足，同时也在很大程度上降低了天然草场的放牧压力，缓解了藏北高原天然草地退化的趋势，保护了草原生态环境。

3. 增加农牧民收入，维护社会稳定

那曲高寒牧区房前屋后种草栽培技术的开发研究，能够有效缓解冬季家畜饲草不足的问题，满足那曲牧区牲畜对牧草的需求。通过开展房前屋后人工种草技术研究与示范，形成牧草田间管理流程、培训指导牧户科学饲养牲畜，提高饲草料生产能力，缓解高寒牧区草畜矛盾，解决接羔育幼时期饲草料短缺问题，是那曲高寒牧区畜牧业提质增效、持续发展的重要途径之一，同时，也是缓解天然草地的放牧压力和退化草地休养生息的一个有效措施。

三、种植推广前景分析

2019年那曲市共有乡镇114个，村委会1 153个，乡村户数99 014户，其中纯牧业户70 695户，半农半牧户28 319户，色尼区纯牧业户19 144户，嘉黎县6 419户，聂荣县7 463户，安多县10 091户，申扎县4 360户，班戈县10 463户，巴青县9 652户，全市牲畜总头数5 228 695头（只、匹）。

按照全市总户数的20%推广，可推广种植牧户19 802户，户均种植0.6亩，共计种植1.188 1万亩，亩产青干草在0.6～1.2 t，现按亩产青干草0.8 t计算，可获得9 505 t饲草料，相当于39.921万亩天然草地的产草量，在一定程度上缓解了天然草地的放牧压力，对天然草地休养生息、生态保护具有积极的作用。

按照全市总户数的50%推广，户均0.6亩，可推广种植牧户49 507户，约种植29 704亩，亩产青干草按0.8 t计算，可获得23 763 t饲草料，相当于99.804 6万亩天然草地的产草量。

按照全市总户数的80%推广，户均0.6亩，可推广种植牧户79 211户，约种植47 527亩，亩产青干草按0.8 t计算，可获得38 021 t饲草料，相当于159.689 8万亩天然草地的产草量。

通过宣传群众、组织群众，推广种植房前屋后人工种种菜，在很大程度上缓解了天然草地的放牧压力，草畜平衡制度得到进一步优化，单户增加了饲养的绵羊单位，另外，使部分天然草地得到休养生息和自我复壮的机会，进一步提高天然草地的承载力。

通过房前屋后和畜圈种草，户均种植0.6亩，1户就可收获0.48 t青饲草，相当于每户自筹储备防抗灾或母畜幼畜补饲青干草53袋（9 kg/袋）。房前屋后人工种草虽简单易行，但种植面积有限，所收获的饲草料仅作为高寒牧区冬春季幼畜和母畜补饲饲草料或作为防灾抗灾应急饲草料储备对保畜增效、抗灾增收具有重要作用。另外，通过人工种草补充饲草料，有效缓解了天然草地的放牧压力，坚持以草定畜，逐步解决超载过牧的问题，为天然草地休养和复壮提供了机会，使放牧与补饲相结合的畜牧业持续向好转变。

四、近几年那曲家庭人工种草技术推广情况

（一）推广情况

先后在色尼区那么切乡4村、6村；那曲镇16村、14村、13村；罗玛镇2村、5村等村开展房前屋后人工种草技术研究与示范，开展草原法、房前屋后人和区域化工种草技术、生态修复治理技术、鼠害隔离防治技术等实用技术培训28期，累计房前屋后人工种草推广4.59万亩，共带动750余户农牧民群众参与房前屋后人工种草。在收获期对牧户房前屋后和畜圈甜燕麦与高秆油菜混播人工种草进行再次测定产量，采用50 cm × 50 cm的样方重复三次测定产量，平均亩产鲜草3 966.4 kg/亩，青干草平均991.6 kg/亩（约0.9 t），极大地增加了饲草储备，提高了单户房前屋后人工种草成效显著，受到了农牧民群众的喜爱和欢迎。

在罗玛镇5村，通过对牧户房前屋后牧草收获情况进行调研，其中一户牧户贡恰共计收获107袋青饲草，其中燕麦青干草96袋（2.5 ~ 3.5 kg/袋），青稞青干草11袋（3.75 ~ 4.5 kg/袋），房前屋后种植面积仅为0.5亩。在交谈中，贡恰牧户对种植的饲草料非常满意，计划将饲草料作为防抗灾饲草料，冬春季给幼畜、母畜补饲，继续种植饲草料。

那曲镇14村村民交谈中说：我们村是易灾村，草地质量差、饲草供给能力严重不足，畜牧业养殖容易受自然灾害影响，冬春季遇到雪灾和大风

影响时牲畜死亡很难避免，近年来家庭人工种草技术示范推广到我们村，使得我们村有了很大的收益，牧户的牲畜养殖成效明显。通过科技服务送技术、送种源，手把手教操作、教管理：一是改变了村民对草地建设饲草生产的观念，种养结合才能传统畜牧业功能提升；二是得到解决冬春季饲草不足的问题，既有房前屋后饲草生产和储备，也有草地改良提升后放牧利用及饲草收割储备能力；三是明显提高村民收入，既能实现饲草储备及补饲能力，又能将剩余牧草外销得到一定现金收入；四是提高了牲畜产犊率（20%），牲畜死亡率降低到零，牲畜膘情好、产奶量提高等，有效促进“草地增绿、牧业增效、牧民增收”，起到“建设小绿洲、保护大生态”的作用！

（二）牧草产量情况

房前屋后人工种草于5月28日至6月5日种植，6月13日陆续出苗，10月3日开始牧草生育期在乳熟期，生长期约99 d，10月3日进行刈割，留茬高度5～10 cm，并用样方法测定产量，牧草植株高度及产量测定见表5-5。

表5-5　不同牧草品种播量、产量及植株高度

牧草品种	播种量（kg/亩）	平均高度（cm）	鲜草产量（kg/亩）	青干草（kg/亩）
甜燕麦	20.5	109.6	4 514.8	1 128.7
甜燕麦+高秆油菜	18.0+1.5	106.6	3 966.4	991.6
青海444	20.5	130.7	4 940.5	1 235.1
垂穗披碱草（第二年）	8.0	94.0	1 448.9	483.0
甘引1号	20.5	165	3 428.2	857.1

通过测定不同牧草产量，甜燕麦亩产青干草1 128.7 kg/亩，甜燕麦＋高秆油菜亩产青干草991.6 kg/亩，青海444亩产青干草1 235.1 kg/

亩，垂穗披碱草（第二年）亩产青干草483 kg/亩，甘引1号亩产青干草857.1 kg/亩。种植结果表明：房前屋后人工种草一年生优质高产牧草品种选择顺序依次为青海444、甜燕麦、甜燕麦+高秆油菜、甘引1号。

（三）那曲家庭人工种草效益分析

1. 社会和生态效益

在近几年高寒牧区房前屋后人工种草技术研究与示范推广中，房前屋后人工种草成效显著，凸显出了饲草储备优势，实现了低投入，高产出的效果，成为那曲高寒牧区饲草储备的重要途径之一，也是高寒牧区解决人草畜矛盾、保护生态环境的重要措施之一。其意义首先在劳动致富观念转变上，农牧民群众有了一定程度的改变，通过技术示范，掌握了人工种草基础技术，从习惯在天然草地放牧，不愿意自己劳动获得饲草，逐步转变为自行购买耙子、铁锹等农具自行选址种植；其次，牢固树立起草原生态保护的意识，爱护草原的观念深入人心，一味地向大自然索取，转变为通过投入劳动自行投劳储备饲草料，增加饲养绵羊单位，在补给天然草地的同时，缓解草场承载压力；最后，持续提高农牧民收入，维护社会长治久安，推动传统畜牧业向放牧与补饲相结合的草畜平衡发展方向转变，补饲的条件下，牲畜成活率和畜产品逐步提高，农牧民群众持续增收的同时草原生态持续向好（图5-20）。

2. 经济效益

（1）那曲家庭人工种草成本投入。房前屋后人工种植牧草成本投入主要包括种子费、人工费、肥料费、油料费、水电费等，机械设备、基础建设不计算其中。按照户均1亩房前屋后人工种草计算，目前那曲人工费用成本较高，一般雇工为200元/（人·d），小规模人工种草牧户人工费本质上是家庭劳动力的机会成本，在牧草整个生育期至少需要内投入3个工作日（播种、追肥、灌溉、收割等），即每亩人工费为600元；种子费220元（播种量20 kg/亩，市场价11元/kg，含种子运输费）；油料费每亩12元；追肥60元/亩（至少需追肥2次，每亩追施尿素5 kg，尿素6元/kg，含运输费）；

图5-20　家庭人工种草牧草收割技术培训

合计预计投入892元。实际牧户房前屋后人工种草劳动力均为自投，在不考虑劳动成本情况下，共需要292元/亩。

（2）那曲家庭人工种草效益产出。那曲房前屋后人工种草推广种植249农牧户，种植白燕麦、青海444等燕麦品种，户均1亩计算，房前屋后人工种草共计种植249亩，亩产青干草平均991.6 kg/亩，青干草共计246 908.4 kg，1 t青干草市场价为3 000元/t，总经济价值为74.07万元。249户农牧民房前屋后人工种草成本投入为7.27万元，故净收益为66.8万元，户均增收2 682元。单户房前屋后（圈窝子）人工种草种植1亩效益分析见表5-6和表5-7。

表5-6　家庭（房前屋后）人工种草成本投入

种子费（元/亩）	油料费（元/亩）	追肥费（元/亩）	成本（元/亩）
220.0	12.0	60.0	292.0

表5-7　牧户房前屋后（圈窝子）人工种草1亩效益分析

牧户不考虑劳动力种植1亩投入	干草产量（kg/亩）	经济效益（元/亩）	生态效益	社会效益
292元	600 ~ 1 000	1 800 ~ 3 000	相当于38 ~ 42亩天然草地的产草量，缓解放牧压力，逐步实现草畜平衡	可作为冬春季防抗灾应急饲草料或用于幼畜母畜补饲，促进农牧民增收

五、那曲高寒牧区家庭人工种草（房前屋后、圈窝子）人工种草循环利用技术规程

房前屋后圈窝子具有围墙，能够遮挡风害，棚圈内环境、温度、土壤肥力等因素都较退化沙化地优越，形成局部小气候，产生增温作用，非常有利于牧草等饲草料作物的快速生长。房前屋后高产牧草种植技术是在春夏季节，利用牲畜长时间在夏季草场放牧的时机，种植当年生高产牧草，房前屋后沉积的厩肥富含有机质等营养成分，作为牧草生长期所需的肥料。经过对房前屋后人工草地的观测，牧草叶量丰富，生长高度和产量增长效果比较明显，牧草青绿期延长，牧草高度均可达到刈割高度，牧草鲜草产量3 500 kg/亩以上，有效缓解天然草场放牧压力。另外，牧草刈割后留茬高度在5 ~ 10 cm，还可进行放牧，牲畜在采食过程中，在进行蹄耕的同时，又可回收循环利用牲畜粪便作为翌年牧草所需养分，形成房前屋后（圈窝种草）人工种草循环利用技术。

（一）那曲家庭人工种草房前屋（圈窝子）人工种草技术路线

房前屋后人工种草技术路线：灭鼠（种植区域害鼠较多的可投放饵料）—深翻（微耕机或铁锹等农具）—整地（耙子）—播种（人工撒播）—覆土（微耕机或耙子覆土）—镇压（耱或铁锹）—灌溉（利用水井或降雨）—生育期观测及田间管理（在出苗、分蘖、拔节、孕穗、抽穗、开花、灌浆、乳熟、蜡熟期等不同生育期观察是否缺水缺肥及田间管

理）—追肥（分蘖—拔节期或缺肥情况追施尿素）—适时收割（9月中下旬至10月初刈割，留茬5 cm）—打绳晾晒（或装袋堆垛）—贮藏（存放于贮草间或避雨处）—科学饲喂（粉碎或铡短补饲+饮水）—冬季圈养牲畜（放牧利用，层积厩肥）。

（二）那曲房前屋后（圈窝子）人工种草技术规程

房前屋后和畜圈人工种草技术已在青海省普遍推广，这种方法简单易行，既利用夏季空闲区域和肥、热条件，又能获得较高的饲草产量，形成了“冬季圈养牲畜层积肥料、夏季种植牧草提供饲草”的循环利用技术。

1. 种植区域选择

那曲房前屋后人工牧草种植区域选择条件为房前屋后有土层覆盖、冬季圈养牲畜夏季空闲或永久闲置区域、空旷的院落、原人工草地等区域作为房前屋后人工种草地。

2. 种前准备

根据不同区域牧草种植时间，在牧户种植前1个月，根据畜圈内牛羊粪层积情况，提前进行规划，如若房前屋后、圈窝子等种植区域肥力较低，则将畜圈暖棚内牛羊粪或炉渣等拉运至种植区域，确保牧草所需肥料；若部分长期圈养牛羊的畜圈，由于肥料太足，牧草极易烧苗或不出苗，导致牧草减产，在种植前需清理部分层牛羊粪，运至肥料不足的种植区。另外，部分圈养牦牛的畜圈，大部分牧户将牛粪捡拾回收作为燃料，导致肥力不足，种植前可引导农牧民将羊圈过多的厩肥运至圈养牦牛畜圈，也可在4月开始牦牛畜圈禁止捡拾牛粪，层积的牛粪作为房前屋后人工种草底肥。

3. 种植时间

那曲高寒牧区房前屋后、圈窝子牧草种植时间根据当地海拔不同，播种期不同，海拔在4 500 m左右的区域，播种时间在5月中下旬；海拔在4 600～4 800 m的区域，播种时间在6月上旬。

4. 翻耕平整

由于冬季圈养牲畜的缘故，畜圈内土壤变得紧实，不利于饲草作物的生长，须用微耕机进行翻耕，翻耕深度15 ~ 20 cm，并用耙子进行碎土、平整，土壤特别紧实的畜圈需进行2次及以上翻耕平整，确保地平土碎，利于牧草生长；机械不能耕作的边角区域，使用铁锹进行翻耕平整。另外，对于部分土壤松软、温湿度较好的种植区域可以先按照牧草种子播种量撒播种植，再调节微耕机的入土深度进行覆土，这样快捷的种植方式仍然可达到较好的效果。

5. 牧草品种选择

那曲房前屋后人工种草适宜选择的一年生牧草品种有青海444、甜燕麦、饲用燕麦、高秆油菜、箭筈豌豆、甘引1号等；适宜选择的多年生牧草品种有巴青披碱草、垂穗披碱草、碱茅、青海早熟禾、早熟禾。这些牧草品种既有区外引进品种，又有当地本土品种，既能适应当地生态环境，又具有良好的饲用价值。

一年生牧草品种在夏季闲置畜圈和院落空旷区域种植；多年生牧草品种在永久闲置畜圈和空旷区域种植或重度退化裸地。

6. 播种量与播种深度

均采用撒播方式进行种植。一年生牧草品种燕麦和甘引1号可单播，也可与高秆油菜2∶1混播种植，提高牲畜适口性；多年生牧草品种宜混播种植，增加生物多样性，提高草地稳定性。不同牧草品种播种量与播种深度见表5-8。

表5-8　那曲高寒牧区房前屋后人工种草牧草播种量和播种深度

牧草品种	播种量（kg/亩）	覆土深度（cm）
青海444	21	5
甜燕麦	20.5	5
饲用燕麦	21	5

（续表）

牧草品种	播种量（kg/亩）	覆土深度（cm）
高秆油菜	2	3
箭筈豌豆	20	5
甘引1号	18	5
垂穗披碱草	4.5	5
巴青披碱草	4.5	5
碱茅	3	3
青海早熟禾	3.5	3
早熟禾	3.5	3

7. 覆土镇压

用微耕机进行覆土镇压，覆土前重新调节微耕机入土深度，同时可人为控制微耕机行进速度和爪齿入土深度对种植区域进行覆土，覆土不理想的地方可进行二次覆土或人工耙地覆土。有条件的村户，可在微耕机后悬挂与爪齿等长的小型耱或镇压器（滚型）进行镇压，使土层紧而不实、平而通透，确保土壤与种子充分接触，利于土壤保墒保温，为牧草的播种、出苗、生长发育创造良好土壤条件。

8. 种后管理

种植完毕，及时关门堵上挡板，畜圈门框和墙体损坏的须及时修缮，墙体过矮的可加装网围栏或障碍物，防止出苗后牲畜进入啃食牧草。门口或墙体底部做好排水小沟渠，可灌可泄，防止雨季连阴雨导致淹苗减产，房前屋后人工草地也需做到旱可灌、涝可排的技术机制。

9. 田间管理

田间管理包括除草、灌溉或排涝（灌溉主要在牧草拔节期和孕穗期）、追肥（牧草分蘖期、拔节期）、管护、适时收割等环节，它伴随整个牧草生育周期，牧草生育期在6月中下旬至9月下旬，约100 d，高寒牧区房前屋后人工种草和农区种植庄稼一样，需要精耕细作，才能获得高产。

出苗期：那曲正值雨季，若雨水充沛，可清除杂草，尤其墙角和四周墙边区域，杂草甚多，须清除杂草，出面不齐的边角区域，造成30%以上大面积缺苗地块，需进行补播；若久旱，需进行浇灌，确保出苗。

分蘖期：观测分蘖情况和牧草缺水、缺肥情况。

拔节期：若雨水充沛，拔节前期或牧草叶片发黄需进行追肥，选用尿素作为追肥，每亩追施尿素5 kg；若干旱少雨，需进行灌溉，追肥。

孕穗期：观测土壤水分情况和牧草是否缺肥情况，孕穗中期需进行追肥，每亩追施尿素5 kg。

开花期：观测牧草是否缺肥情况。

灌浆期：观测牧草植株高度及是否缺肥缺水情况。

乳熟期：观测牧草种子乳熟情况，适时收割。

蜡熟期：部分种植区未达到。

10. 牧草收获与利用

刈割方式：人工采用背负式收割机进行收割。

收割时间：9月23日至10月3日。

在选择天气晴朗的时间段收割后，通过晾晒后制成青干草，在冬春季缺草时补饲利用。

晾晒方式：在晾晒架上平铺晾晒，保持蓬松状进行风干，或打绳结悬挂于墙体晾晒，或装袋置于屋顶晾晒。

晾晒时间：1～3周。晾晒制成的青干草贮藏存放于避雨处或仓库。

11. 科学补饲，保障基础

那曲房前屋后人工种草面积较小，产量有限，饲草料仅可作为幼畜、产仔母畜、弱畜等季节性补饲饲草料或应急防抗灾饲草储备。俗话说“寸草铡三刀，越吃越上膘”，以农牧民合作社为平台，政府加大扶持政策，出台农机具购置补贴政策，引导农牧民购置牧草种植、收割、加工等设备，如小型微耕机、背负式收割机、小型粉碎机等，逐步引导农牧民科学种植、科学补饲，保障畜牧业基础。

补饲时间：冬春季。

补饲牲畜：幼畜、产仔母畜、泌乳牲畜、弱畜等。

粉碎铡短：青干草粉碎为一寸长短再进行饲喂，防止践踏浪费，防止阻塞食管，利于营养吸收，利于上膘长肉。

适量饮水：补饲牲畜单独圈养，配备饮水桶，补饲后适时饮水。

（三）燕麦产量评估标准

那曲房前屋后（圈窝种草）人工种草燕麦牧草品种，根据种植密度、植株高度对牧草鲜草产量进行评估，具体评估标准见表5-9。

表5-9　评估标准

等级	植株密度（%）	平均高度（cm）	鲜产草量（kg/亩）
1	>85%	84 ~ 107	1 867 ~ 2 413
2		116 ~ 129	2 801 ~ 3 501
3		>135	>3 600

在适当的牧草播种量条件下，牧草产量随着牧草植株高度的增加而增加。

六、发展家庭人工种草的建议

（一）分阶段稳步推广房前屋后和畜圈人工种草技术

在高寒牧区推行房前屋后圈窝种草，这种方法简单易行，既利用夏季空闲区域和肥、热条件，又能获得较高的饲草产量，逐步形成“冬季圈养牲畜层积肥料、夏季种植牧草提供饲草”的循环利用技术，房前屋后和圈窝种草，可为放牧家畜提供冬季补饲用饲草料，对防抗灾饲草储备也具有一定的辅助作用。以科技园区辐射带动的“3镇5村”推广示范房前屋后人工种草技术为切入点，分3 ~ 5年阶段性带动那曲各县（区）、各乡镇、各村全面种植房前屋后人工种草，鼓励各家各户种植一定面积的人工种草，鼓励农牧民积极购买燕麦种子，掌握房前屋后和畜圈人工种草循环利用技术并积极推广（图5-21至图5-25）。

（二）加大政策扶持力度，提高农牧民群众种草的积极性

加大政策支持力度，对房前屋后人工种草微型农机设备和牧草种子给予一定的补贴。一是对种植微型农机设备进行补贴，以自然村或双联户为单位购置微耕机、小型播种机、耙子、铁锹等农用机械和工具，对购买的农机设备给予一定比例的补贴；二是对牧草种子实施种子补贴政策。通过政府引导和补贴政策实施，鼓励农牧民群众积极主动掌握房前屋后人工种草技术并长期坚持，对那曲高寒牧区发展放牧与补饲相结合的畜牧业和缓解天然草地放牧压力都具有积极的作用。

（三）依托合作社平台，不断推动畜牧业提质增效

以农牧民合作社为平台，开展种草养畜相结合的技术研究，在科学种草的基础上，不断加强科学养畜技术普及，加大动物防疫及兽药投入，调整畜群结构，不断推动畜牧业转型升级和提质增效。

图5-21　家庭人工种草畜圈清理多余粪便

图5-22 家庭人工种草整地

图5-23 家庭人工种草牧草抽穗期

图5-24　家庭人工种草牧草传统晾晒

图5-25　家庭人工种草晾草架晾晒

第二部分

那曲草地资源

草地具有重要生态和经济功能的自然资源，是藏北那曲畜牧业发展的重要物质基础和农牧民赖以生存的基本生产资料。那曲处于低纬度、高海拔的高寒地境，其生物生存、发展的特殊尤为世人所瞩目，其独特的环境、丰富的植物资源，对青藏高原甚至对全球气候和环境有着极其重要的影响，长期以来一直是国内外专家学者在地理、生物、资源和环境等方面的研究热点。

藏北草原广袤无垠，河流湖泊星罗棋布，自然资源丰富，被昆仑山、唐古拉山、念青唐古拉山和冈底斯山所环绕，整个地形呈西北高东南低倾斜状，平均海拔4 500 m以上，形成了多样的地形、地貌以及小气候，为植物提供了丰富多样的生存环境，也造就了高寒草甸、高寒草原、高寒荒漠等草地生态系统，对草原生态环境可持续良性发展、促进经济社会全面发展、增加农牧民收入具有十分重要的意义。

然而近年来，在气候变化、人类活动等综合作用下，藏北高寒草地发生了不同程度的演替及退化现象，对维持高寒草地生物多样性、稳定草地生态服务功能、草原生态与草牧业的健康可持续协同发展带来极大危险。一是草地沙漠化趋势没有得到很好的改善。二是总体向好发展，但局部退化依然明显。三是草地毒草不断蔓延。四是草地鼠害为害逐年加剧，另缺乏精准的预警监测平台。五是草原毛虫发生区域及面积逐年扩增较为明显。建议：一是加大对草地“三害”动态监测及治理的力度。二是加强草地近自然恢复科学研究技术的投入。三是树立科学管理草原的理念。四是加大国家重点草原保护项目的建设。五是加大草原生态修复治理力度。六是开展区域化人工种草。七是加大房前屋后种草力度。八是加大科研攻关力度。九是建立健全防灾减灾体系。

第六章　概　述

那曲俗称“羌塘”，旧称“黑河”，藏语意即黑色的河流，因怒江上游的那曲河流而得名。藏北那曲全境属青藏高原腹心地带，是“世界屋脊”“亚洲水塔”“地球第三极”的核心区域，平均海拔4 500 m以上，是我国重要的生态屏障区和水资源战略保障基地。草地面积6.32亿亩，其中可利用草场面积4.69亿亩，全市除东部少量的半农半牧区外，基本上是一个纯牧区，草地面积、牲畜存栏、畜产品产量均占全区的1/3以上，是高原特色畜牧业基地之一，高寒草地是农牧民赖以生存的物质基础。藏北那曲生态地位极为重要，具有独特的野生动植物资源和丰富的物种多样性，草原生态保护建设与管理显得尤为重要。

第一节　草地资源的概念与重要性

一、相关概念

（一）资源

目前被广为接受的资源是指一切可被人类利用的物质、能量、信息、劳力、资金、设备以及良好的社会环境等，包括自然资源和社会经济资源两部分（吴生平，1990）。

（二）草地

草地的概念和范围，在世界各地和学术界至今尚无一个公认的定义。

不同国家、不同地区、不同时期和不同学科在理解和研究草地的出发点不同，在理解和表述含义上也存在一定的差异性。草地是一种自然资源，是自然界中存在的，非人类创造的自然体，它蕴藏着能满足人类生活和生产需要的能量与物质。王栋教授（1955）曾给草原定义："凡因风土等自然条件较为恶劣或其他缘故，在自然情况下，不宜于耕作农作，不适于生长树木，或树木稀疏而以生长草类为主，只适于经营畜牧业的广大地区"。在《中国草地资源》（1996）一书中对草地的定义是"草地是一种土地类型，它是草本和木本饲用植物与其所着生的土地构成的具有多种功能的自然综合体。包括植被覆盖度>5%的各类天然草地，以牧为主的树木郁闭度<0.3%的疏林草地和灌丛郁闭度<0.4%的疏灌丛草地"。

从以上草学家对草地概念看出，在词义上，草原、草地应是一个广义的概念，草原和草地只是有使用差异的同义词。草地（草原）指的是主要生长草本植物，或兼有灌丛和稀疏乔木，可以为家畜和野生动物提供食物和生存场所，并可以为人类提供优良的生活环境，其他生物产品等多种功能的土地（图6-1）。

图6-1　中部草甸草原

（三）草地资源

徐鹏（2000）在《草地资源调查规划学》一书中对草地资源定义“经过人类利用、经营的草地，是生产资料和环境资料，是有数、质量和分布地域的草地经营实体，使蕴藏的生产力变为现实生产力。同时草地资源的内涵，随着生产的发展，应该扩展为一切天然、人工、副产品饲草料资源的总体”。

概括而言，草地和草地资源是有区别的，天然草地是一种自然体，它包括了自然界一切类型的草地，只蕴藏其生产能力；草地资源是经过人类利用、经营的草地，是生产资料和环境资源，是有数、质量和分布地域的草地经营实体，使草地蕴藏的生产能力变为现实生产力。

二、草原、天然草地、人工草地的关系

草原指天然草原和人工草地；天然草原包括草地、草山、草坡；人工草地包括改良草地，不包括城镇草坪。

三、草地资源的重要性

（一）草地资源与生态安全

进入21世纪以来，全球生态安全成为人类关注的焦点，世界各国均把生态安全、可持续发展放在突出的地位。近年来，那曲市委、市政府贯彻落实党中央、国务院关于加强生态文明建设和环境保护特别是习近平总书记关于西藏自治区生态保护的重要指示批示精神，严格按照自治区党委、政府的部署要求，坚决扛起生态文明建设的政治责任，牢固树立社会主义生态文明观和绿水青山就是金山银山、冰天雪地也是金山银山的理念，正确处理生态保护和加快发展、改善民生的关系，加强环保法律法规宣传、环境综合整治和环境执法监督，生态安全屏障建设有序推进，羌塘高原生态环境持续好转。一是加快推进绿色重点工程建设。编制“羌塘高原国家生态文明建设区总体规划”，实施生态保护和建设、生态产业提升和支撑

配套等工程，整体推进天然草地保护、天然林保护、湿地保护、生物多样性保护、自然保护区与生态功能区建设等重点生态工程建设，着力构建生态环保屏障。二是确保生态保护与生态惠民相统一。严格落实好草原生态保护补助机制和国家级公益林森林生态效益补偿机制，努力构建以草原、湿地、森林、水生态等为主体的生态效益补偿网络，建立健全生态效益补偿长效机制，广泛组织群众参与生态保护与建设、实现就业，让更多的群众吃上“生态饭”、走上致富路。自2011年，发放禁牧补助、草畜平衡奖励、牧草良种补贴、牧民生产资料综合补贴，村级草原监督员补助。涉及11县（区）93个纯牧业乡（镇），截至2015年底，共兑现资金29.68亿元。三是探索建立生态保护退出机制。对于自然环境恶劣、海拔高、生态脆弱、交通不便、居住人口较少的区域，实施群众有序退出，在搬出地发展产业、组建公司等，解决群众的生产生活、就业增收等问题，最大限度地退牧还野生动物，退牧还生态。四是建立生态保护红线。建立羌塘高原自然保护区：总面积29.8万km^2，其中藏北那曲14.45万km^2，涉及安多、双湖、尼玛三县，主要保护对象为国家重点保护野生动物藏羚羊、野牦牛、雪豹、西藏野驴、藏原羚等物种及其栖息分布的高寒荒漠生态系统。色林措国家级自然保护区：总面积1.89万km^2，涉及尼玛县、申扎县、班戈县、安多县、色尼区，主要保护对象为黑颈鹤等野生动物及其湿地自然生态系统。麦地卡湿地国家级自然保护区：总面积895.41 km^2，保护对象为重要湿地生态系统，保护区位于嘉黎县，主要保护黑颈鹤等野生动物及其湿地自然生态系统。

（二）草地资源与粮食安全

人口方面：那曲1960年牧业人口为10.5万人，到2015年已达44.40万人，增长近4倍。1980年全地区农牧业总产值为7 667.30万元，到2015年的104 269.38万元，增长13.6倍；草场方面：1960年人均占有可利用草地4 466亩，2015年可利用草地面积4.69亿亩，人均占有可利用草地只有1 056亩，减少了76.35%；牲畜方面：1960年人均牲畜23头（只、匹），到2010

年人均20头（只、匹），减少了13.04%。1980年全地区农牧民人均收入为173.55元，到2010年的4 216元，增长24倍。一是随着那曲城镇化发展、人口成倍增长、草原人均可利用面积逐步减小、农产品总值逐年下降、人均农产品消费和生产生活资料的需求逐渐增加，粮食安全将面临更大压力，也是全社会关注的焦点之一。二是在全面建设现代化社会的阶段，其重要特征是人民生活日益提高，不仅要求农产品数量满足人民基本需求，而且要求生产出品种多样、质量优良、符合健康卫生的优良农产品。以草地资源为物质基础的草业，上联种植业，下带养殖业，具有比较强的产业关联度，实践证明，人们对“藏粮于草，发展畜牧业”的认识和措施，在解决粮食安全中具有重要的地位。

（三）草地资源与社会经济发展

那曲草地总面积为6.32亿亩，可利用草地面积为4.69亿亩，占西藏自治区总面积的1/3，是西藏的牧业基地，牧业经济和畜产品产量占西藏自治区总量的1/3以上。那曲巨大的草地资源经人类的开发与利用形成了多种产业，产生了巨大的经济、社会效益。如以草地畜牧形成草食家畜产业，以草为原料形成各类草产品产业，以草资源形成生态与环境产业，以草原景观、民俗风情与文化为资源发展旅游产业等。

根据2015年农牧业生产情况统计，年初牲畜总存栏525.47万头（只、匹），其中牛187.25万头，占牲畜总头数的35.63%；绵羊238.67万只，占牲畜总头数的45.42%；山羊95.08万只，占牲畜总头数的18.09%；马4.1万匹，占牲畜总头数的0.78%；猪0.38万头，占牲畜总头数的0.072%；农作物播种面积5 868.53 hm^2，粮食总产量12 812.05 t，虫草产量31 626.38 kg，肉产量94 137.69 t（其中牛肉72 992.51 t、羊肉21 085.02 t、猪肉60.16 t），奶产量61 611.7 t（其中牛奶50 633.38 t、羊奶10 978.32 t），羊毛产量3 459.63 t，绵羊毛产量3 150.72 t，羊绒产量251.11 t，牛绒产量1 157.44 t，牛毛产量1 144.11 t，牛皮产量429 477张，羊皮产量941 201张，牛犊皮产量25 436张。

草地经济植物开发利用产业，那曲以冬虫夏草为例，2017年全年实现冬虫夏草采挖约4万kg，并有序投入市场，并依法、规范、进行冬虫夏草交易，在一定程度上促进了群众生产发展和致富增收。

因此，那曲以草地资源为依托形成的草食家畜产业的兴衰，直接关系到我市社会和经济的进步与繁荣，牧区能否现代化和生态安全与和谐社会的构建。

草原畜牧业的生产发展为本市农牧民提供了更多的奶、肉、皮、毛等生活必需的畜牧产品，也给加工业提供了大量原料，加快了牧区交通、邮电、贸易、文化、教育、卫生、体育、旅游等各项事业的发展。青藏铁路、青藏公路、黑昌公路、安狮公路、格拉输油管道、兰西拉光缆、藏中电网等六大交通、能源和通信干线加强了与外地的联系及各种活动，现已建成那曲牧区初具规模的新兴城市。

第二节 草地资源研究的内容与方法

一、草地资源研究的对象

草地资源研究的对象是草地，包括草地属于自然资源固有的属性问题，也包括合理开发利用与保护资源的科学和社会问题，既包括利用资源，也包括潜在的资源，既包括天然资源，又包括人工创造的资源。

二、草地资源研究的内容

草地资源主要研究：一是草地资源学的性质与内涵的研究；二是草地资源构成要素的研究；三是草地类型的划分与分布规律的研究；四是草地资源功能、特征与评价的研究；五是草地资源开发利用、保护与区域经营的研究；六是新技术、新方法在草地资源动态监测与资源信息化管理中的应用研究。

三、草地资源研究的方法

草地资源是一个复杂的自然与经济综合体，任何一块草地资源都是自然与经济过程的产物。要研究与阐明草地资源组分构成属性、自然属性、经济属性和功能开发属性，就必须涉及地学、气候学、生物学、生态学、农学、资源经济学、法学等相关学科的专业知识的研究成果，在技术上还涉及遥感、计算机和信息化管理的现代技术。一是系统分析法；二是景观生态学分析法；三是新技术与传统技术融合应用方法。

第七章　藏北那曲草地资源构成要素

草地资源是由地球陆地表面的气候、地形、土壤、水文、生物等自然要素和人类社会经济因素等组成。草地资源的特征是其诸构成因素相互联系、相互作用、相互制约的总体效应与综合反映。在草地资源形成发展过程中，各个要素以不同方式、从不同角度、以不同程度、独立的或综合影响着草地资源的综合特征。

因此，当我们在考察某一区域的草地资源时，就必须对构成草地资源的诸要素，单个地、综合地进行分析，从中对各构成要素与资源形成发展关系，有一个清晰和全面的认识，据此提出区域草地资源合理开发与利用的意见和方案。

第一节　草地资源气候组分

大气因素和土地因素构成草地生物群落的立地条件，大气因素的综合表现就是气候，它决定着生物的生存、分布、数量变化，以及一个地区动植物区系组成，是牧草与家畜立地条件的最本质的特征，是草地资源的重要组成要素。水、热为主导的气候条件决定了草地的性质、分布，在草地形成中起主导作用。形成了藏北那曲草地从东部的山地草甸类，经中部的高寒草甸到西部的高寒草原，从南部广袤的紫花针茅到北部的垫状驼绒藜（图7-1）。

图7-1　藏北高寒草原高山流石滩、藏北高寒草原、藏北沼泽地、藏北牧民挤羊奶

一、光照和风能资源

光照资源主要指太阳辐射及其光照指标。太阳辐射是由太阳发射的电磁波、短波辐射，部分地穿透大气层到达地球表面，其中一部分被地球表面吸收变为长波辐射，它是地球表面一切过程的能量基础。藏北那曲日照时数高于同纬度的其他区域，全地区年日照时数在2 400～3 200 h，东部在2 400～2 800 h，中部在2 800～3 000 h，西部在3 000 h以上。每年的5月、10月日照时数最多，2月、9月日照时数最少。年平均日照百分率在52%～67%，由东向西递增；年内最高值出现在11月，最低值出现在6—8月。藏北那曲由于海拔高、空气洁净等，光能资源相当丰富，平均太阳年总辐射量达6 000 MJ/m^2，西部最高达6 800 MJ/m^2。冬春季受高空西风气流的影响，地面气温低，天气干燥晴朗，多7级以上的大风，有时风力可达10～12级，风能资源十分丰富，加强再生能源的开发与利用，推动区域社

会经济的可持续发展。

二、气候资源

太阳的短波辐射到达地面以后，大多转变为长波辐射。这就是地球表面的热量来源，这也是草地生态系统中一切生物化学过程主要的热量来源。温度条件除了直接对植物本身产生影响外，还间接地从诸多方面影响草地资源的发生和构成。

藏北那曲在全国气候区划属青藏高原气候区域的一部分，地域广阔，地势高，地形复杂，气候类型多，形成了气候资源分布的多样性和不连续性。受高原地形的影响，那曲气候突出特点是气温低、空气稀薄、大气干洁、太阳辐射强。那曲年平均气温在-2.8～1.6 ℃，年均最高气温在4.7～9.2 ℃，年均最低气温在-9.1～-4.6 ℃。最冷月是1月平均气温为-14.9～-7.4 ℃；最热月为7月平均气温8.7～12.2 ℃；气候垂直变化明显，垂直递减较大，东南部的年平均气温相对较高，中西部的年平均气温相对较低。总之，那曲冬季漫长寒冷，四季不分明，冷暖季不是很明显。

三、水资源

藏北那曲年平均降水量为247.3～513.6 mm，年蒸发量在1 500～2 300 mm，受大气环流和地形的影响，降水总体趋势表现为由东南向西北递减。藏北那曲四周高山环抱，南部冈底斯山脉一念青唐古拉山脉是藏北与藏南水系的分水岭。众多低山丘陵纵横交织，形成了难以计数的网格状盆地。雪山、冰川、河流和湖泊形成向心水系，组成了独具特色的水生态系统。2017年属丰水年份，水资源总量约759亿m^3，其中地表水资源总量约380亿m^3，地下水资源总量约251亿m^3，冰川水资源总量约128亿m^3，常见野生牧草禾本科、莎草科等植物含水量基本在28%～33%。

藏北高原地热资源丰富，除常见的温泉、热泉、沸泉外，还有热水河、热水湖及盐泉。温泉水温在80 ℃左右，即使在冬季，温泉分布的地区也不乏生机，地表温泉流经之处，地表温度随之上升，为苔藓生长创造了水热条件，形成了独特的地热景观。

第二节　草地资源地学组分

地形就是地球表面不同规模和不同形式的起伏形态，地形条件是间接生态因子，但是，在草地形成中，它以起伏、坡向、坡度结合海拔高度起着重要的作用。巨大地形影响大气环流，改变区域气候，导致水、热状况变化，温度随着海拔升高而下降，每升高100 m，下降0.5 ℃，地形的变化对草地形成具有重大意义。

一、地形地貌

总体上，那曲的地势为南北高、中间低，东窄西宽，东部为高山峡谷，中西部为高原湖盆，四周被群山环抱，纵横环绕着近东西向的巨大山系，以其辽阔的高原面作为地貌基础，随着整个高原的总趋势。

那曲中、东部与唐古拉山和念青唐古拉山邻近，形成了巨大的山束，并被怒江和易贡藏布切割成高山峡谷。中、东部由于唐古拉山和念青唐古拉山的折转，怒江及其支流那曲、卡曲、索曲、本曲、巴青曲和热曲等河流下切形成不同的地貌类型（中国科学院青藏高原综合科学考察队，1982）。中西部地区大多为浅切割的山体，其上保存了平坦的高原夷平面，在河流的上游有宽平的谷地和湖盆发育，河道平缓，河床宽浅，流水缓慢。东部高山峡谷区，包括索县、巴青、比如和嘉黎等县，河谷深切，谷岭高差500～1 500 m。山地上部现代冰川和冰碛地貌及冻土地貌极其发育。河谷狭窄，一般只有500～1 500 m宽，水源丰沛，河流湍急，带状阶地沿河两岸呈不连续分布，尤以比如以东和索县以南最为突出，河谷甚狭，雨季的坡积物下移，常阻塞交通，仅在下秋卡和索县到巴青间，河谷开阔，阶地比较发育，局部地段阳坡可种植耐寒作物。东部的怒江干流及其支流多呈西北—东南流向，形成深切的峡谷，沟谷狭窄，山势陡峭，谷坡上部崩塌、滑坡、泄流等重力作用强烈。中西部平均海拔4 500 m以上，山势平缓，其间宽谷、梁坡、湖盆相间，海拔6 000 m以上的高山10多座，它们是河流与湖泊的补给来源，由于辽阔的藏北那曲四周被大山阻隔，区内水系不能外泄，因此那曲内陆湖泊众多，特别是西藏最大和较大的湖泊，如纳木措、色林措、格仁措、当惹雍错都在本区。

二、土壤

土壤是草地植被着生的基础，它提供了植物扎根固定的场所，是植被必需的水、肥、气的供应库与储藏库，又是植物与无机环境之间进行物质与能量转换的主要环节。在一定的土壤上发育有与之相适应的植被类型，而土壤类型的形成实际上又是一定的植被作用的结果。

藏北那曲的生物气候、地形地貌等特定的自然地理条件，制约和影响着土壤现代形成过程，它不但取决于生物气候、地形地貌和植被的复杂空间变化，在纬度、经度和垂直地带性变化的同时，使土壤发育的垂直变异也是显而易见的。因此从东到西几乎可以看到从温带到高寒边缘环境的各种土壤类型。

从总体上看，藏北那曲的土壤是依照地带性规律呈带状分布的，从东到西依次为山地棕壤、山地漂灰土、亚高山灌丛草甸土、高山灌丛草甸土、高山草甸土、高山草原草甸土、高山草原土、高山荒漠草原土、高山寒冻土。其中，高山草甸土退化较为严重，其主要原因是海拔高，寒冻作用强烈，寒、干所致。主要表现为草皮层的草甸植被干化及明显脱落，脱落的部位被草原植被侵入，侵蚀加强，表层明显砂砾化。但水分条件较高山草原土发育条件好，草甸植被生长处有草皮发育。因此，形成斑块状的景观，即我们称为“斑毡状”的高山草甸土。另外，局部地区有盐土、盐化沼泽土、盐化草甸土和冲积土（图7-2）。

图7-2　藏北沼泽地

第三节　草地资源生物组分

藏北那曲有着独特的野生动植物资源和物种多样性，被誉为高寒生物种质资源库，许多生物物种为青藏高原特有种，由于物种生存条件的恶化和分布区域的缩小，一些物种逐步变为濒危物种，受威胁的生物物种占总类数的15%～20%，生物多样性减少。

一、草地资源的植物组分

植物是草地的具体组成者，集中反映非生物环境的作用，又能影响和改造环境。它阻挡着大部分的太阳辐射，缩小极端温度的变化；它通过光合作用和呼吸作用，保证空气中氧气和二氧化碳之间最适合平衡；它可以削弱风的流动，调节空气湿度，防治水土流失，给土壤增加腐殖质等，从而改变着环境，为自我生存，也间接地为其他生物的生存创造了条件。植物决定着草地的生物产量和提供的营养物质能量，即第一生产力，是草食动物直接采食的对象，家畜形成第二性生产力的基础。植物连同其改造的环境成为动物生存的必要生态条件，从而形成生命活动的季节性组合场所，发育了独特的、与之相适应的家畜种类与品种，形成各具特色的第二性产品系列。因而植物是草地的主体，草地的自然与经济特性，在很大程度上由植物反映决定的。有什么样的植物组成结构，就有什么样的草地，造就了草地牲畜的种群比例，所以说植物在草地形成中起主体作用。

（一）植物组成状况与特点

藏北那曲地域辽阔，地势高，气候差异较大，所以从藏东南到藏西北，草地植被异常复杂，植物种类从东南到西北逐渐递减。2017—2019年，经过3年的初步调查，初步鉴定常见植物有57科，179属，332种（不包括嘉黎县尼屋乡、索县嘎木乡植物），初步鉴定的植物中菊科种数最多，共计20属，43种，占植物总数量的12.95%（表7-1）；其次为禾本科、玄参科、毛茛科、蔷薇科，各县（区）常见植物分布，禾本科植物分布，莎草科植物分布如图7-3至图7-5所示。

表7-1 藏北那曲前15科植物的统计分析

序号	科	种	占总种数的比例（%）
1	菊科	43	12.95
2	禾本科	25	7.53
3	玄参科	23	6.93
4	毛茛科	22	6.63
5	蔷薇科	20	6.02
6	豆科	18	5.42
7	唇形科	14	4.22
8	蓼科	13	3.92
9	龙胆科	12	3.61
10	十字花科	11	3.31
11	罂粟科	10	3.01
12	石竹科	10	3.01
13	莎草科	9	2.71
14	百合科	9	2.71
15	虎耳草科	7	2.11
合计		246	74.10

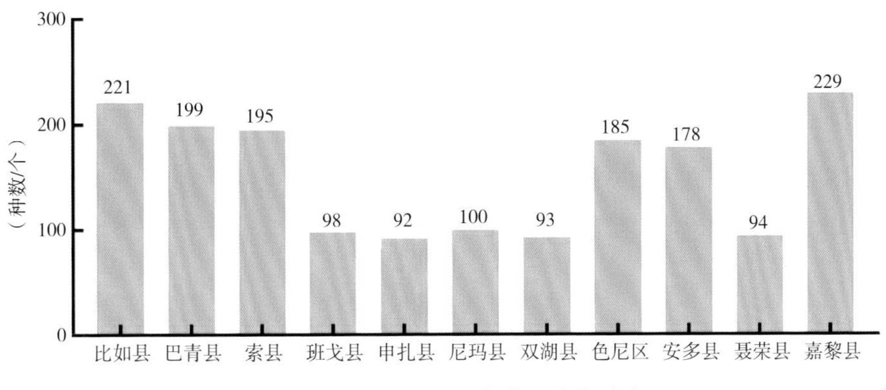

图7-3　那曲各县（区）常见植物分布

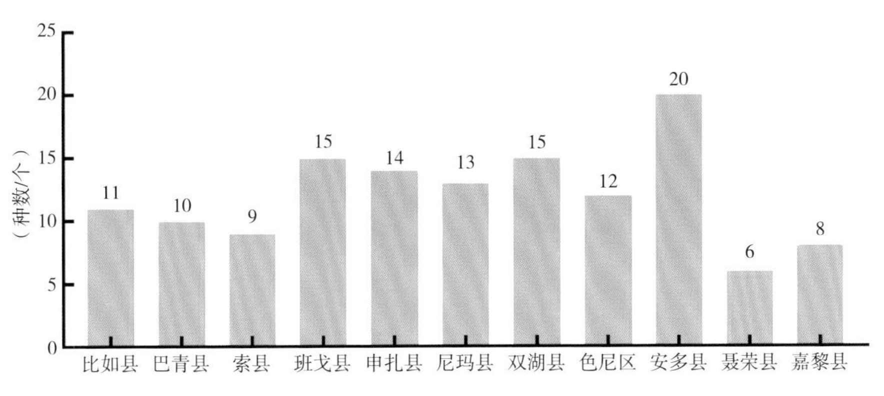

图7-4　那曲各县（区）常见禾本科植物分布

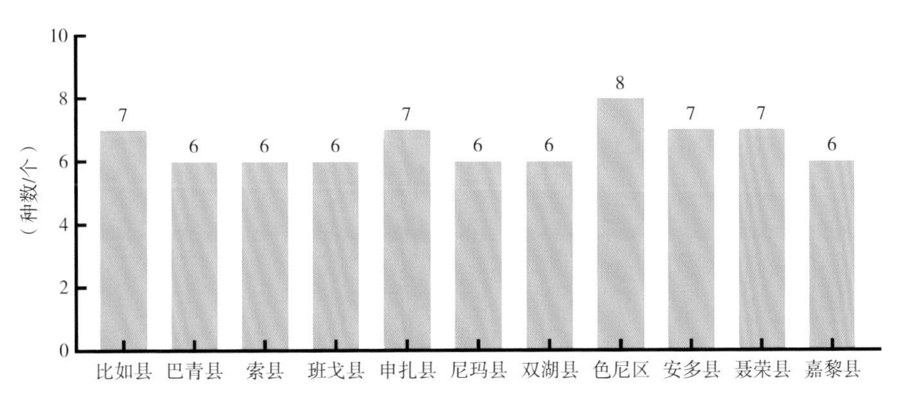

图7-5　那曲各县（区）常见莎草科植物分布

在332种已鉴定植物中，有饲用价值的植物108种（表7-2），占植物总数的32.53%，其中禾本科25种最多，占植物总数的7.53%，其次为菊科、蔷薇科、莎草科分别占植物总数的6.93%、3.92%、2.71%（表7-2）。主要有毒有害植物10科，103种，占植物总种数的31.02%，其中玄参科18种，占植物总数的5.42%，占有毒有害植物之首，豆科居第二位，毛茛科第三位（表7-3）。

表7-2　藏北那曲主要饲用植物种数的统计分析

序号	科	属	种数	占总种数（%）
1	禾本科	16	25	7.53
2	菊科	14	23	6.93
3	蔷薇科	6	13	3.92
4	莎草科	5	9	2.71
5	唇形科	6	8	2.41
6	蓼科	2	6	1.81
7	景天科	2	5	1.51
8	伞形科	3	5	1.51
9	玄参科	4	5	1.51
10	其他	7	9	2.35
合计		65	108	32.53

表7-3　藏北那曲主要有毒有害植物的统计分析

序号	科别	种数	占总种数的比例（%）
1	玄参科	18	5.42
2	豆科	16	4.82
3	毛茛科	14	4.22
4	龙胆科	12	3.61

（续表）

序号	科别	种数	占总种数的比例（%）
5	十字花科	10	3.01
6	罂粟科	9	2.71
7	报春花科	4	1.20
8	紫草科	4	1.20
9	大戟科	3	0.90
10	唇形科	3	0.90
11	其他	10	3.01
合计		103	31.02

（二）藏北那曲植物区系

藏北那曲所处的地理位置及海拔高度使其植物区系、植物形态特征和生理结构上都具有高原的特点，因而是一个植物区系较为复杂的地区。

天然草地中建群种主要是莎草科、禾本科植物，常见的伴生种有菊科、豆科、蔷薇科，这些植物均属于喜马拉雅区系，但其中也加入了中亚植物区系的种。草地中的建群种如高山嵩草（*Kobresia pygmaea*）、粗状嵩草（*K.Rcbusta*）、矮生嵩草（*K.humilis*）是典型的喜马拉雅区系成分。紫花针茅（*Stipa purpurea*）、青藏苔草（*Carex moorcroftii*）、驼绒藜（*Ceratoides arnoldii*）、华扁穗草（*Blysmus sinocompressus*）等均属亚洲中部和中亚成分。

（三）藏北那曲草地植被的分布规律

1. 草地植被的水平分布规律

青藏高原的植被水平分布规律受水热条件的制约呈水平地带性分布。藏北那曲从东南向西北气候明显地表现出湿润、半湿润、高寒湿润、高寒半湿润、高寒半干旱和高寒干旱的水平地带性变化。因而草地植被大体上也呈现出由东南向西北依次出现山地森林—亚高山、高山灌丛—高寒草甸—高寒草原—高寒半荒漠直至阿里地区变为高寒荒漠。

2. 草地植被的垂直分布规律

藏北那曲的草地植被，除具有前述的水平地带性外，还有十分明显的垂直地带性分布。以中部的念青唐古拉山为例：在海拔4 500 ~ 4 900 m的地带发育着高山嵩草草甸，在河漫滩及水溢出地带则发育着西藏嵩草草甸；海拔4 900 ~ 5 200 m发育着高山嵩草、杂类草草甸；海拔5 200 ~ 5 300 m为高寒垫状稀疏植被；海拔5 300 ~ 5 700 m为高山碎石带。由于藏北那曲东西跨度较大，因而那曲西部与中、东部地区草地植被垂直地带性分布规律又有很大的差异。

根据全国草地分类系统，那曲共出现植物型58个，隶属6类（表7–4）。在水平分布上，西部草地植物型最丰富，达24个，占总草地植物类型的41.4%；其次为中部，占总数的32.8%；最后为东部，仅占总数的25.9%。在垂直分布上，草地植物型主要集中在4 501 ~ 5 000 m，达35个，占总数的60.3%；海拔低于4 000 m和高于5 000 m的草地植物型较少，分别仅占3.4%和8.6%。

表7–4　那曲市草地植物资源功能群分类

项目	地区			海拔（m）			
	东部	中部	西部	≤4 000	4 001 ~ 4 500	4 501 ~ 5 000	≥5 000
植物型（个）	15	19	24	2	16	35	5
占总植物型比例（%）	25.9	32.8	41.4	3.4	27.6	60.3	8.6

二、草地资源的动物组分

动物是草地生态系统重要组成部分，是伴随着草地的发生发展而存在的。一定的动物区系成分与一定的植物区系有着密切的联系。动物在草地生态系统中的地位是消费者。消费的选择性与强度对本地植物的自然生长发育与竞争起着重要的影响。适度的消费，对草地的正常发育是必要因素，否则植物残体的过度积累将影响植物的再生长，对草地的发展不利。当然，过度的消费，肯定会造成植物养分积累不足，生活力衰退，最终改变草地植物群落的组成，使草地类群发生演变。这种由动物引起植物的变化，也造成生态条件的改变，从而影响草地上动物种群的变化，改善着草地生态系统的组成结构，发生草地演变。动物排泄物和残体是草地营养循环的物质基础，也影响与草地植物。

那曲为主的藏北高原被称为“世界屋脊的屋脊”，在这里却有着世界上丰富的动植物种群。那曲目前是中国动物资源比较丰富的地区之一。高清竹（2018）在《羌塘高原生态文明建设与可持续发展战略研究》一书中提到“羌塘高原是野生动物的乐园，野生动物达230多种，被列为国家一级、二级保护动物的有野牦牛、西藏野驴、藏羚羊、藏原羚、西藏棕熊、马麝、白唇鹿、雪豹、猞猁、盘羊、岩羊、黑颈鹤、天鹅、白马鸡等近20种。还有毛皮珍贵的狐狸、旱獭等。鸟禽类主要有斑头雁、黑颈鹤、赤麻鸭、赤膀鸭、江头潜鸭、藏雪鸡、岩鸽、沙鸥等。家养动物主要有牦牛、马、驴、绵羊、山羊等”。

三、草地资源的微生物组分

微生物对草地植物有着多方面的影响。例如固氮作用、病害感染等，而最主要的作用是在生态系统中承担着分解者的角色，完成物质循环的过程。如果没有微生物的作用，由植物合成的有机物，在经过动、植物生活利用后形成的枯枝、落叶、排泄物、残体等，将堆积于地面，而供给植物合成有机物的无机盐类，又将因得不到补充或者处于不能被利用的状态而枯竭，物质循环中断，整个世界将面临死亡。

各种土壤微生物的生活都需要一定的条件。在特定的气候、土壤与植被条件下，发育存在着特定的微生物区系（图7-6）。

图7-6　藏北高原野生花卉

第八章　藏北那曲草地分类

第一节　草地分类概述

一、草地类型与草地分类的概念

（一）类型

《辞海》中“类型”一词系指某一组具有共性的事物或现象的集合。

（二）草地类型

指存在一定空间的具有特定自然与经济特征的具体草地地段，是草地的组成单元。

（三）草地分类

草地分类是在认识与明确草地类型的基础上，人们根据不同的利用目的，对体现草地自然和经济特征不同的草地组成单元，以一定的原则、系统和标准进行类型区别的过程。

二、草地分类工作的目的与意义

由于草地成因条件的多样性，形成了一系列在性质与景观上各异的草地单元。不同的草地单元，既具有不同的自然特性，又具有不同的可供人类开发利用的经济特性。人类要合理地开发利用、保护和管理好这一资源，就必须要研究草地固有的这种差异性，探讨各类草地的发生学关系，揭示它们之间的区别和联系，确定类型组合，建立分类系统，借以反映不同草地类型之间，在时间上的动态规律和在空间上的分布规律。因此，草地分类工作借以的理论基础和实践的科学性，是体现人们对自然界纷繁的草地现象认识的深化程度，同时在很大程度上也是体现草地科学发展水平的重要标志（图8-1）。

随着人类对各类资源的开发利用趋于进一步的科学化，对涉及资源的持续利用和安全生产，越来越强调基础研究的重要性和科学性。草地分类既是草地科学最基本的理论基础，也是草地科学实践的重要指导，只有对分类工作有一个深入的研究，对各类草地属性实质有一个深入的理解，才能确保在各类实践中真正做到科学上的洞察幽微，谙知动向。

图8-1　藏北珠芽蓼草地

第二节　草地分类

一、草地分类的方法

尽管草地分类的研究有较长的历史，但是，到目前为止，世界上还没有一个统一的草地分类系统、标准和命名方法。原因是草地是一类复杂的自然资源。在成因、性状、用途以及生产性能方面都体现出丰富的多样性。同时，各国的草地自然条件、科学水平、开发利用的目的和水平高低存在一定差别。因此，对它进行分类，在不同地区，不同条件下，很难实现以一种方法或通用指标去完成。根据分类所遵循的依据，可归纳为农业经营分类法和发生学分类法两大体系。

（一）农业经营分类法

主要根据人类对草地的培育，经营和管理水平进行分类，强调人类生产活动在草地形成发展过程中的主导作用，突出人类经营需要的差异性。这类分类方法，主要用在拥有草地面积小、自然条件好、经济发达、草地集约化经营水平高的国家和区域，如英国、法国等广泛采用。

（二）发生学分类法

主要是根据草地形成发展的自然环境因素的差异进行分类，突出环境因素在草地形成中的作用，气候、地形、土壤、植被均是草地分类考虑的重要指标。在这一类分类方法体系中，因其在分类标准选择上的着眼点不同，又有不同的分类方法。大致可归纳为植物群落学分类法、土地—植物学分类法、植物地形学分类法、气候—植物学分类法、气候—土地—植被综合顺序分类法等。发生学分类法具有较长的研究历史，在世界上应用也广。如在天然草地面积大。自然地理区域组合复杂的一些地区与国家普遍采用。

二、草地分类的原则

对于研究草地分类工作而言，草地分类原则既是一个重要的理论问题，也是一个实现理论与实践相结合的关键问题。草地分类的原则有以下共同点。

（一）要体现草地发生学规律

草地是由多种草地类型组成的自然综合体。每一草地类型都有其自身的发生和演变过程，类型之间存在着发生学的联系和演替规律。草地分类就是依据这种发生学上的因果关系，根据类型之间性质的相似性和差异性进行划分类。

（二）要体现自然与经济特性的综合分类

草地具有的自然与经济特性是草地作为资源利用的最基本属性。草地分类不但要认识草地的自然特性，根据草地发生发展去进行分类，同时还要从开发利用出发，将自然与经济特性结合起来分类。

（三）分类标准选择体现主导因素

草地的自然与经济特性包括有多种因素，而各因素对草地的自然与经济特性的影响作用是不均衡的，存在主次之分。因此，在综合因素的分析中，要抽出决定草地类型分异的主导因素作为分类的指标。

（四）草地分类要为生产服务

草地经营的目的是发展生产，草地分类首先要体现分类工作为生产服务的目的。在确定草地类型划分标准时，应按适应生产设计与利用采用相应指标。

此外，为了保证分类工作的严密性和可操作性，除了强调上述4方面原则以外，在具体选择分类指标时，还应注意指标的相对稳定性、同级指标的可比性和确限性等原则。

三、草地分类体系

西藏自治区草地类型分类，是根据全国草地资源调查的统一要求，采用1984年全国草地资源调查厦门会议通过的全国草地分类系统，同时结合西藏草地类型的特点进行。其分类单位和划分标准如下：

第一级　“类”　反映以水热为中心的气候特征和植被特征，具有一定的大地形条件，各类之间具有独特的地带性，自然经济特点都有质的差异。用罗马数字Ⅰ、Ⅱ、Ⅲ……表示。

亚类是类的补充，不作为独立分类单位。具有相同的形成过程和植被优势生活型。用英文字母A、B、C……表示。

第二级　“组”　以构成草地植被的植物经济类群命名。具有一致的地形或基质条件，植被由同一生态型或经济类群的植物构成。它是型的联合，各组之间有量的差异。用阿拉伯数字1、2、3……表示。

第三级　“型”　草地植被优势种相同，地境一致。“型”是草地类型分类的基本单位。用带括号的阿拉伯数字（1）（2）（3）……表示。

四、那曲天然草地分类系统

依据草地分类标准和《全国草地分类系统》，那曲天然草地分为6类，7亚类，14个组，58个型。

Ⅰ高寒草甸类

$Ⅰ_A$高寒草甸亚类

$Ⅰ_1$多年生莎草组

$Ⅰ_{1(1)}$高山嵩草草地型

$Ⅰ_{1(2)}$圆穗蓼—高山嵩草草地型

$Ⅰ_{1(3)}$西藏嵩草—高山嵩草草地型

$Ⅰ_{1(4)}$线叶嵩草草地型

$Ⅰ_{1(5)}$西藏嵩草—垂穗披碱草草地型

$Ⅰ_{1(6)}$西藏嵩草—矮生嵩草草地型

$Ⅰ_B$沼泽化草甸亚类

$Ⅰ_2$多年生莎草组

$Ⅰ_{2(1)}$西藏嵩草草地型

$Ⅰ_{2(2)}$华扁穗草草地型

Ⅱ高寒草甸草原类

$Ⅱ_A$高寒草甸亚类

Ⅱ$_{1}$多年生莎草组

Ⅱ$_{1(1)}$高山嵩草—紫花针茅草地型

Ⅱ$_{1(2)}$具金露梅西藏嵩草草地型

Ⅱ$_{1(3)}$高山嵩草—荨麻草地型

Ⅱ$_{1(4)}$高山嵩草—丝颖针茅草地型

Ⅱ$_{1(5)}$高山嵩草—垫状金露梅—紫花针茅草地型

Ⅱ$_{2}$多年生杂类草组

Ⅱ$_{2(1)}$具高山柳杂类草草地型

Ⅱ$_{2(2)}$具鬼箭锦鸡儿—金露梅杂类草草地型

Ⅱ$_{2(3)}$具高山柳—金露梅杂类草草地型

Ⅱ$_{2(4)}$鸡骨柴—柏树杂类草草地型

Ⅱ$_{3}$多年生禾草及盐碱化草甸组

Ⅱ$_{3(1)}$碱茅—青藏苔草草地型

Ⅱ$_{B}$高山灌丛草甸亚类

Ⅱ$_{4}$常绿灌丛组

Ⅱ$_{4(1)}$具雪层杜鹃—高山柳的嵩草草地型

Ⅱ$_{5}$落叶灌丛组

Ⅱ$_{5(1)}$鬼箭锦鸡儿—高山嵩草草地型

Ⅱ$_{5(2)}$具金露梅—高山柳—高山嵩草草地型

Ⅱ$_{5(3)}$具金露梅—高山嵩草草地型

Ⅱ$_{5(4)}$具乔木的高山嵩草草地型

Ⅲ高寒草原类

Ⅲ$_{A}$高寒草原亚类

Ⅲ$_{1}$丛生禾草组

Ⅲ$_{1(1)}$紫花针茅草地型

Ⅲ$_{1(2)}$紫花针茅—冰川棘豆草地型

Ⅲ$_{1(3)}$紫花针茅—杂类草草地型

Ⅲ$_{1(4)}$紫花针茅—细叶苔草—二花棘豆草地型

$Ⅲ_{1(5)}$紫花针茅—西藏三毛草草地型

$Ⅲ_{1(6)}$紫花针茅—蒿草草地型

$Ⅲ_{1(7)}$紫花针茅—青海刺参草地型

$Ⅲ_{1(8)}$梭罗草草地型

$Ⅲ_{1(9)}$紫花针茅—小叶棘豆—青海刺参草地型

$Ⅲ_{1(10)}$固沙草草地型

$Ⅲ_{1(11)}$细叶苔草—小叶棘豆—紫花针茅草地型

$Ⅲ_{1(12)}$白草—固沙草草地型

$Ⅲ_{1(13)}$小叶棘豆—紫花针茅草地型

$Ⅲ_{1(14)}$冰川棘豆—白草草地型

$Ⅲ_{1(15)}$狼毒—紫花针茅草地型

$Ⅲ_{1(16)}$固沙草—紫花针茅草地型

$Ⅲ_{1(17)}$青藏苔草—紫花针茅草地型

$Ⅲ_{1(18)}$青藏苔草—早熟禾草地型

$Ⅲ_{1(19)}$西藏三毛草—紫花针茅草地型

$Ⅲ_{1(20)}$轮生叶野决明—青海刺参草地型

$Ⅲ_2$根茎苔草组

$Ⅲ_{2(1)}$青藏苔草草地型

$Ⅲ_3$小半灌木组

$Ⅲ_{3(1)}$藏沙蒿草地型

$Ⅲ_B$高寒灌丛草原亚类

$Ⅲ_4$落叶灌丛组

$Ⅲ_{4(1)}$匍匐水柏枝草地型

$Ⅲ_{4(2)}$藏沙棘—藏沙蒿草地型

Ⅳ高寒荒漠草原类

$Ⅳ_A$高寒荒漠亚类

$Ⅳ_1$小半灌木组

$Ⅳ_{1(1)}$红景天—水柏枝草地型

$Ⅳ_{1(2)}$青甘韭草地型

$Ⅳ_{1(3)}$青海刺参草地型

$Ⅳ_{1(4)}$杂类草草地型

Ⅴ高寒荒漠类

$Ⅴ_{1}$垫状杂类草组

$Ⅴ_{1(1)}$垫状植被草地型

$Ⅴ_{1(2)}$垫状金露梅草地型

Ⅵ山地草甸类

$Ⅵ_{1}$疏林禾草组

$Ⅵ_{1(1)}$具乔木禾草草地型

$Ⅵ_{1(2)}$具灌木—杂类草草地型

$Ⅵ_{1(3)}$垂穗披碱草—早熟禾草地型

$Ⅵ_{1(4)}$高山流石滩—灌丛植被草地型

$Ⅵ_{1(5)}$珠芽蓼草地型

第三节 草地类型的基本特征与分布

藏北草原广袤无垠，河流湖泊星罗棋布，自然资源丰富，被昆仑山、唐古拉山、念青唐古拉山和冈底斯山所环绕，整个地形呈西北高东南低倾斜状，平均海拔4 500 m以上，形成了多样的地形、地貌以及小气候，为植物提供了丰富多样的生存环境，也造就了高寒草甸、高寒草原、高寒荒漠等草地生态系统，对草原生态环境可持续良性发展、促进经济社会全面发展、增加农牧民收入具有十分重要的意义。

一、山地草甸类

山地草甸类草地是在温带气候带，大气温和与降水充沛的生境条件下，在山地垂直带上，有丰富的中生草本植物为主均发育形成的一种草地类型，气候温暖而湿润，夏季温暖，冬季严寒；土壤为山地草甸土。主要分布于那曲的巴青、嘉黎、比如和索县海拔3 100 ~ 4 900 m的河谷阶地、山前洪积扇和线山向阳疏林地带（图8-2）。

草群组成以中生禾草、杂类草为主，植物群落较为复杂，每平方分布有植物20 ~ 30种，主要有垂穗披碱草（*Elymus nutans*）、白草（*Pennisetum centrasiaticum*）、羊茅（*Festuca ovina*）、早熟禾（*Poa annua*）、双叉细柄茅（*Ptilagrostis dichotoma*）、直穗小檗（*Berberis dasystachya*）、鲜黄小檗（*Berberis diaphana*）、白桦（*Betula platyphlla*）、草地老鹳草（*Geranium pratense*）、黄帚橐吾（*Ligularia virgaurea*）、乳白香青（*Anaphalis lactea*）、矮火绒草（*Leontopodium nanum*）、美丽风毛菊（*Saussurea superba*）、茎直黄芪（*Astragalus strictus*）、云南黄芪（*Astragalus yunnanensis*）、圆穗蓼（*Polygonum macrophyllum*）、线叶嵩草（*Kobresia capillfolia*）、珠芽蓼（*Polygonum viviparum*）、鹅绒委陵菜（*Potentilla anserina*）、秦艽（*Gentiana macrophylla*）、狼毒（*Stellera chamaejasme*）、小金莲花（*Trollius pumilus*）、紫菀（*Aster tataricus*）、西伯利亚蓼（*Polygonum sibiricum*）等。

图8-2　山地草甸（比如县）

草层一般具有4～6个层片，高度一般为5～35 cm，最高可高达60 cm，草层覆盖度80%～100%，牧草产量为62～83 kg/亩。山地草甸类，共分1个组，5个型详见表8-1。

表8-1 藏北那曲山地草甸类草地资源特征

类	型	采样点	海拔（m）	主要植物
山地草甸类	具乔木—禾草草地型	忠义乡	3 164	云杉、乳白香青、箭叶橐吾、老鹳草、珠芽蓼、圆穗蓼、柳兰、高山紫菀、鹅绒委陵菜、秦艽、甘肃马先蒿
	具灌木—杂类草草地型	比如镇	4 087	鲜黄小檗、柏树、短柄草、乳白香青、奇林翠雀花、草玉梅、掌叶橐吾、葛缕子、圆穗蓼、垂穗披碱草、甘肃马先蒿、露蕊乌头、珠芽蓼
	珠芽蓼草地型	比如镇	4 493	珠芽蓼、火绒草、藏菠萝花、独一味、秦艽、高原荨麻、肉果草、黄花棘豆、葛缕子
	高山流石滩—灌丛植被草地型	卓玛峡谷	4 892	红景天、高山嵩草、肉果草、黄花棘豆、茶藨子、高山绣线菊、叉枝蓼、匍匐水柏枝、葛缕子
	垂穗披碱草—早熟禾草地型	达唐乡	4 217	垂穗披碱草、早熟禾、高山柳、金露梅、高原荨麻、红景天、高山嵩草、肉果草、黄花棘豆、茶藨子、高山绣线菊、叉枝蓼、匍匐水柏枝、葛缕子

二、高寒草甸类

高寒草甸草地是在高寒湿润气候条件下发育形成的一类草地，由耐寒性的多年生中生草本植物为主或有中生高寒灌丛参与形成的一类以矮草草群占优势的草地类型。该草地气候属于高原寒带、亚寒带湿润气候，年平均气温0℃以下，年降水量350～550 mm，土壤为高山草甸土（草毡土），分化程度较低，粗糙，土层较薄，下层多砾石（图8-3）。

高寒草甸类草地是那曲分布最普遍、面较大的类型，广泛分布于海拔

4 378 ~ 4 746 m的区域，草地草层高度5 ~ 15 cm，覆盖度70% ~ 83%，亩产鲜草约42 ~ 78 kg，结构简单，生长密集，牧草质量和适口性较好，耐牧性强，各类家畜均适宜，是藏北那曲畜牧业生产的主要草地类，占整个可利用草地面积的43%（王莉雯，2008）。其中75%的优势草地型集中在中部地区的夏玛乡、孔玛乡和那玛切乡等乡镇，仅有25%的优势草地型分布在东部的绒多乡和西部的申扎湿地。植物组成较简单，每平方米有植物15余种，占优势的种类主要是耐寒的多年生中生植物，西藏嵩草（*Kobresia schoenoides*）、矮生嵩草（*Kobresia humilis*）、线叶嵩草（*Kobresia capillfolia*）、高山嵩草（*Kobresia pygmaea*）、珠芽蓼（*Polygonum viviparum*）、圆穗蓼（*Polygonum macrophyllum*）、星状风毛菊（*Saussurea stella*）、美丽风毛菊（*Saussurea superba*）、甘肃雪灵芝（*Arenaria kansuensis*）、唐松草（*Thalictrum aquilegifolium*）、麻花艽（*Gentiana straminea*）、垫状点地梅（*Androsace tapete*）、露蕊乌头（*Aconitum gymnandrum*）、独一味（*Lamiophlomis rotata*）等。此类草地可分为2个亚类，2个草地组，8个草地型（表8-2）。

图8-3　高寒草甸（安多县）

表8-2 藏北那曲高寒草甸类草地资源特征

类	型	采样点	海拔（m）	主要植物
高寒草甸类	高山嵩草草地型	夏玛乡	4 746	高山嵩草、早熟禾、短穗兔耳草、矮生嵩草、垂穗披碱草、紫花针茅、垫状点地梅、独一味、龙胆
	圆穗蓼—高山嵩草草地型	绒多乡	4 389	圆穗蓼、高山嵩草、珠芽蓼、西藏嵩草、独一味、青藏苔草、葛缕子、鹅绒委陵菜、高原毛茛、棱子芹、黄芪
	西藏嵩草—高山嵩草草地型	孔玛乡	4 656	西藏嵩草、矮生嵩草、高山嵩草、青藏苔草、杉叶藻、海乳草、早熟禾、展苞灯心草、高山紫菀、珠芽蓼、柔小粉报春
	线叶嵩草草地型	孔玛乡	4 531	线叶嵩草、矮生嵩草、高山嵩草、西藏嵩草、青藏苔草、海乳草
	西藏嵩草—垂穗披碱草草地型	达前乡	4 515	西藏嵩草、垂穗披碱草、早熟禾、青藏苔草、鹅绒委陵菜、棱子芹、藏豆、海乳草、高原毛茛
	西藏嵩草—矮生嵩草草地型	那么切乡	4 378	西藏嵩草、矮生嵩草、早熟禾、高山嵩草、高原毛茛、青藏苔草
	西藏嵩草草地型	果祖乡	4 656	西藏嵩草、矮生嵩草、高山嵩草、青藏苔草、蕨麻委陵菜、云生毛茛、高原毛茛、杉叶藻、早熟禾、展苞灯心草、高山紫菀、圆穗蓼
	华扁穗草草地型	申扎湿地	4 542	华扁穗草、水草、海乳草、高山嵩草、冷地早熟禾、高原毛茛

三、高寒草甸草原类

高寒草甸草原草地是在低温、半干旱的高寒气候下形成的一类草地，是高寒区草原类组中偏于湿润的一类。土壤主要以高山草甸土、高山灌丛草甸土为主，土层厚度20 ~ 40 cm，具有薄而松的草毡层，坚韧而有弹性，有机质含量不高，质地多以砾石质或砂砾质为主（图8-4）。

本类草地是那曲主要的畜牧业生产基地之一，主要分布在海拔3 967 ~

5 136 m的那曲东部和中部地区。草地植物群落组成因地区和海拔差异而不同，主要表现为东部复杂、中部单调的态势，以耐寒的多年生中生莎草，丛生禾草、中旱生杂类草为主。其中，多年生莎草中的高山嵩草和西藏嵩草主要分布在海拔4 117～4 816 m的那曲中部的帕那镇、那玛切乡、古露镇、滩堆乡和东部的扎拉镇等地区；丛生禾草中的喜马拉雅碱茅（*Puccinellia himalaica*）和青藏苔草（*Carex moorcroftii*）主要分布在海拔5 136 m的中部唐古拉地区；常绿灌丛及落叶灌丛中的雪层杜鹃（*Rhododendron nivale*）、高山柳（*Salix cupularis*）、鬼箭锦鸡儿（*Caragana jubata*）及鸡骨柴（*Elsholtzia fruticosa*）等主要分布在海拔3 967～4 522 m东部的雅安镇、扎拉镇和亚拉镇等地区，亩产鲜草约33～41 kg。

主要优势种有莎草科的嵩草属（*Kobresia*）、苔草属（*Carex*）、蓼科的蓼属（*Polygonum*）、菊科的风毛菊属（*Saussurea*）、禾本科的早熟禾属（*Poa*）、羊毛属（*Festuca*）、针茅属（*Stipa*）、毛茛科的金莲花属（*Trollius*）、银莲花属（*Anemone*）、蔷薇科的委陵菜属（*Potentilla*）等。

此类草地可分为2个亚类，5个草地组，15个草地型（表8-3）。

图8-4　高寒草甸草原（班戈）

表8-3 藏北那曲高寒草甸草原类草地资源特征

类	型	采样点	海拔（m）	主要植物
高寒草甸草原类	高山嵩草—紫花针茅草地型	帕那镇	4 600	高山嵩草、紫花针茅、短穗兔耳草、高山紫菀、金露梅、黄堇、独行菜、钉柱委陵菜、肉果草、微孔草、火绒草
	西藏嵩草—金露梅草地型	扎拉镇	4 367	西藏嵩草、金露梅、高山嵩草、矮生嵩草、珠芽蓼、美丽马先蒿、甘肃马先蒿、高原毛茛、早熟禾、独一味、火绒草、甘肃雪灵芝、钉柱委陵菜、三裂碱毛茛
	高山嵩草—荨麻草地型	帕那镇	4 769	高山嵩草、高原荨麻、短穗兔耳草、二裂委陵菜、轮生叶野决明、火绒草、金露梅、白苞筋骨草、垫状点地梅、甘肃雪灵芝、鸢尾
	高山嵩草—丝颖针茅草地型	古露镇	4 117	高山嵩草、丝颖针茅、二裂委陵菜、钉柱委陵菜、早熟禾、藏豆、紫花针茅、匙叶翼首花、头花独行菜
	高山嵩草—垫状金露梅—紫花针茅草地型	滩堆乡	4 816	高山嵩草、垫状金露梅、紫花针茅、黄芪、甘肃雪灵芝、青藏苔草、火绒草、钉柱委陵菜、朝天委陵菜、棱子芹、西藏三毛草
	具高山柳草地型	雅安镇	4 402	高山柳、珠芽蓼、黑褐苔草、独一味、金露梅、西藏嵩草、高山嵩草、矮生嵩草、甘肃马先蒿、高山紫菀、早熟禾、芸香叶唐松草、美丽凤毛菊、垂穗披碱草、棱子芹、甘青铁线莲、龙胆、火绒草
	具鬼箭锦鸡儿—金露梅草地型	雅安镇	4 522	鬼箭锦鸡儿、金露梅、双叉细柄茅、独一味、二裂委陵菜、垂穗披碱草、珠芽蓼、矮生嵩草、高山嵩草、早熟禾、甘肃雪灵芝、火绒草、微孔草、干生苔草、凤毛菊、西藏三毛草
	具高山柳—金露梅草地型	雅安镇	4 396	高山柳、金露梅、双叉细柄茅、高山嵩草、早熟禾、黄芪、独一味、珠芽蓼、龙胆、钉柱委陵菜、甘肃马先蒿、西藏嵩草、火绒草
	鸡骨柴—柏树草地型	亚拉镇	3 967	鸡骨柴、柏树、草玉梅、垂穗披碱草、短柄草、甘肃马先蒿、鼠掌老鹳草、蒲公英、黄芪、紫花棘豆、藏沙蒿、甘青铁线莲、平车前、葛缕子

（续表）

类	型	采样点	海拔（m）	主要植物
高寒草甸草原类	喜马拉雅碱茅—青藏苔草草地型	唐古拉	5 136	喜马拉雅碱茅、青藏苔草、紫花针茅、垂穗披碱草、火绒草、棱子芹、羊茅Festuca ovina、镰叶韭、黄芪、紫花棘豆、早熟禾、二裂委陵菜
	具雪层杜鹃—高山柳的嵩草草地型	扎拉镇	4 246	雪层杜鹃、高山柳、珠芽蓼、锡金岩黄芪、矮生嵩草、黑褐苔草、蒲公英、紫花棘豆、高山绣线菊、鬼箭锦鸡儿、棱子芹、绿花党参、阿拉善马先蒿、火绒草、草玉梅
	鬼箭锦鸡儿—高山嵩草草地型	雅安镇	4 409	鬼箭锦鸡儿、高山嵩草、美丽风毛菊、珠芽蓼、高山嵩草、钉柱委陵菜、白花刺参、独一味、双叉细柄茅
	金露梅—高山柳-高山嵩草草地型	嘎美乡	4 389	金露梅、高山柳、高山嵩草、珠芽蓼、双叉细柄茅、矮生嵩草、青藏苔草、早熟禾、垂穗披碱草、短柄草、紫花针茅、秦艽、独一味、甘肃雪灵芝、黄花棘豆、火绒草、美丽风毛菊
	金露梅—高山嵩草草地型	扎拉镇	4 238	金露梅、高山嵩草、珠芽蓼、矮生嵩草、草玉梅、圆穗蓼、黄花棘豆、火绒草、鼠掌老鹳草、早熟禾、高原荨麻、垂穗披碱草、阿拉善马先蒿、大戟、甘肃雪灵芝
	具乔木的高山嵩草草地型	比如镇	4 398	高山嵩草、圆柏、短穗兔耳草、甘肃雪灵芝、美丽风毛菊、西藏嵩草、青藏苔草、二裂委陵菜、早熟禾、独一味、紫花针茅、秦艽、龙胆

四、高寒草原类

高寒草原草地是在寒冷干旱多风的高海拔高原、高山条件下发育而成的一类草地。本草地类是那曲重要的畜牧业生产基地，主要分布于西部尼玛、双湖、班戈、申扎以及安多县的西部海拔4 160 ~ 5 100 m的河谷阶地、湖盆地、宽谷地及洪积—冲积扇以及丘陵山地等（图8-5）。

草地群落植物组成以寒旱生丛生禾草为主，草群稀疏、低矮。土壤主要为冷钙土，质地粗糙、疏松，结构性差，多为砂砾质或沙壤土。土层薄，有机质含量低。降水少，蒸发强度大，风力强劲。

组成草层的植物种类由于地区和海拔高度不同而异。一般来说，海拔4 500 ~ 4 700 m的湖盆地、湖成阶地，河谷地和洪积—冲积地较为单调，主要有紫花针茅（*Stipa purpurea*）、青藏苔草（*Carex moorcroftii*）、二列委陵菜（*Potentilla bifurca*）、矮火绒草（*Leontopodium nanum*）、碱茅（*Puccinellia distans*）、藏荠（*Hedinia tibetic*）、小叶棘豆（*Oxytropis microphylla*）、青海刺参（*Morina kokonorica*）、藏玄参（*Oreosolen wattii*）、短穗兔耳草（*Lagotis brachystachya*）、肉果草（*Lancea tibetica*）、甘肃雪灵芝（*Arenaria kansuensis*）、独一味（*Lamiophlomis rotata*）、藏布红景天（*Rhodiola sangpo-tibetana*）、垫状点地梅（*Androsace tapete*）、西伯利亚蓼（*Polygonum sibiricum*）、藏菠萝花（*Incarvillea younghusbandii*）等。

在4 700 ~ 5 200 m的地方植物种类较为复杂。本类草地草层一般具有2 ~ 4个层片，草高一般为5 ~ 18 cm，高者可达20 ~ 32 cm，低者只有3 ~ 5 cm，亩产鲜草24 ~ 37 kg，海拔4 900 ~ 5 200 m的地方常出现垫状植被。每年7月底至8月底紫花针茅正处于抽穗期，银白色的长芒随风飘扬，犹如滚滚的麦浪，形成高原奇特的景色，十分壮观。

此类草地可分为2个亚类，4个草地组，24个草地型（表8-4）。

图8-5 高寒草原（申扎）

表8-4　藏北那曲高寒草原类草地资源特征

类	型	采样点	海拔(m)	主要植物
高寒草原类	紫花针茅草地型	北拉镇	4 649	紫花针茅、二裂委陵菜、藏玄参、短穗兔耳草、火绒草、蒲公英、肉果草、美丽凤毛菊、朝天委陵菜、无茎黄鹌菜、二花棘豆
	紫花针茅—冰川棘豆草地型	尼玛镇	4 565	紫花针茅、冰川棘豆、藏黄芪、白草、二裂委陵菜、藜、狼毒、肉果草
	紫花针茅-杂类草草地型	拉西镇	4 146	紫花针茅、高山嵩草、乳白香青、垂穗披碱草、美丽凤毛菊、火绒草、藏黄芪、西藏三毛草、早熟禾、干生苔草、二裂委陵菜、甘肃雪灵芝
	紫花针茅—干生苔草+二花棘豆草地型	巴岭乡	4 938	紫花针茅、干生苔草、二花棘豆、垫状金露梅、火绒草、甘肃雪灵芝、葶苈、粗壮嵩草、狗娃花
	紫花针茅—西．藏三毛草草地型	措玛乡	4762	紫花针茅、西藏三毛草、二裂委陵菜、火绒草、狗娃花、朝天委陵菜、西藏微孔草、唐松草
	紫花针茅—嵩草草地型	那么切	4 368	紫花针茅、高山嵩草、火绒草、西藏三毛草、早熟禾、干生苔草、二裂委陵菜、独一味
	紫花针茅—青海刺参草地型	强玛乡	4 572	紫花针茅、青海刺参、小叶棘豆、垫状点地梅、甘肃雪灵芝、二裂委陵菜、矮羊茅、洽草、干生苔草、高山嵩草、西藏三毛草
	梭罗草草地型	措玛乡	4 613	梭罗草、紫花针茅、粗壮嵩草、矮羊茅、垂穗披碱草、金莲花、冰草、火绒草、干生苔草、早熟禾、迭裂黄堇、高山大戟、奇林翠雀花
	紫花针茅—小叶棘豆+青海刺参草地型	强玛乡	4 567	紫花针茅、青海刺参、小叶棘豆、干生苔草、高山嵩草、甘肃雪灵芝、二裂委陵菜、羊茅、洽草、无茎黄鹌菜、西藏三毛草
	固沙草草地型	普保镇	4 623	固沙草、二裂委陵菜、矮羊茅、藜、白花枝子花
	干生苔草—小叶棘豆+紫花针茅草地型	彭措湖边	4 552	干生苔草、小叶棘豆、紫花针茅、弱小火绒草、甘肃雪灵芝、红景天、高山蒿草、朝天委陵菜、垫状点地梅、矮羊茅、二裂委陵菜
	白草—固沙草草地型	门当乡	4 550	白草、固沙草、干生苔草、二裂委陵菜、白花枝子花、矮羊茅

（续表）

类	型	采样点	海拔（m）	主要植物
高寒草原类	小叶棘豆—紫花针茅草地型	强玛乡	4 589	小叶棘豆、紫花针茅、矮火绒草、粗壮嵩草、矮羊茅、干生苔草、二裂委陵菜、洽草、甘肃雪灵芝、垫状点地梅
	冰川棘豆—白草草地型	申扎镇	4 669	冰川棘豆、白草、二花棘豆、狼毒
	狼毒—紫花针茅草地型	北拉镇	4 618	狼毒、紫花针茅、红景天、干生苔草、美丽风毛菊、火绒草、甘肃雪灵芝、二花棘豆、无茎黄鹌菜、黄堇、龙胆
	固沙草—紫花针茅草地型	尼玛镇	4 610	固沙草、紫花针茅、青藏苔草、干生苔草、粗壮嵩草、无茎黄鹌菜、龙胆、白花枝子花
	青藏苔草—紫花针茅草地型	尼玛镇	4 630	青藏苔草、紫花针茅、固沙草、二花棘豆、无茎黄鹌菜、矮生嵩草
	青藏苔草—早熟禾草地型	措江乡	5 007	青藏苔草、早熟禾、垫状点地梅、钉柱委陵菜、匍匐水柏枝、垫状金露梅、火绒草、龙胆、紫花针茅、高山嵩草、短穗兔耳草
	西藏三毛草—紫花针茅草地型	帕那镇	4 606	西藏三毛草、紫花针茅、白花枝子花、二花棘豆、白苞筋骨草、高山嵩草、二裂委陵菜、狗娃花、火绒草、甘肃马先蒿、小叶棘豆、矮羊茅
	轮生叶野决明—青海刺参草地型	帕那镇	4 733	轮生叶野决明、青海刺参、西藏三毛草、藏沙蒿、火绒草、狗娃花、藏玄参、肉果草
	青藏苔草草地型	帮爱乡	5 001	青藏苔草、二裂委陵菜、早熟禾、紫花针茅、粗壮嵩草、龙胆
	藏沙嵩草地型	文部南村	4 697	藏沙蒿、高山嵩草、早熟禾、甘肃马先蒿、红景天、青藏苔草
	匍匐水柏枝草地型	普诺岗日冰川一带	5 101	匍匐水柏枝、高山蒿草、紫花针茅、早熟禾、灌木亚菊、垫状点地梅、二花棘豆、火绒草、甘肃雪灵芝、红景天、垫状金露梅
	藏沙棘—藏沙嵩草地型	帕那镇	4 812	藏沙棘、藏沙蒿、朝天委陵菜、早熟禾、藏蝇子草、短穗兔耳草、甘肃马先蒿、白花枝子花、垂穗披碱草、梭罗草、紫花针茅、灌木亚菊、粗壮嵩草

五、高寒荒漠草原类

高寒荒漠草原草地是在气候更加干旱寒冷条件下形成的，具有高寒草原向高寒荒漠草地过渡的类型，占据着干旱湖盆外缘砂砾质缓坡、剥蚀的高原区、山麓洪积扇和山坡地。分布在双湖北部可可西里山和昆仑山之间海拔4 640 ~ 5 278 m的湖盆砂地，昆仑山南坡山前洪积扇地上，该区域属于羌塘无人区（图8-6）。

图8-6　高寒荒漠草原（尼玛）

气候极端寒冷而干旱，夏季短暂而凉爽，冬季漫长而严寒，没有绝对无霜期，日照强烈，紫外线极强，8级以上大风日可达200 d以上，最多可达300 d，雨季可一日数雨，频繁而量少。

由于气候干旱，风力强劲，地表常有砂砾石覆盖，土层厚度仅10 ~ 20 cm，土壤为寒钙土，质地粗糙、疏松，多为砂砾质或沙壤质，土层薄，有机质含量低。区内地貌类型以高寒低山、起伏不大的丘陵、平原、湖盆相间，地势平缓。低山和丘陵间，剥蚀和湖泊沉积的宽广高平原，其间大小湖泊星罗棋布，因蒸发大，而补给水量极小，因而周围留下广坦的湖滨，湖水含盐量增高，多为咸水湖或盐湖。

组成草层的植物较为单调，优势植物为垫状驼绒藜，亩产鲜草约13～21 kg，有些地方有亚优势种植物青藏苔草。主要伴生种有藏荠（*Hedinia tibetica*）、紫花针茅（*Stipa purpurea*）、二列委陵菜（*Potentilla bifurca*）等。

该草地多数在无人区，目前尚未放牧利用，主要被野生动物所控制，主要动物有野牦牛、藏野驴、藏羚羊、啮齿类的高原鼠兔。

此类草地可分为1个亚类，1个草地组，4个草地型（表8-5）。

表8-5　藏北那曲高寒荒漠草原类草地资源特征

类	型	采样点	海拔（m）	主要植物
高寒荒漠草原类	红景天—水柏枝草地型	普诺岗日冰川一带	5 278	红景天、匍匐水柏枝、高山嵩草、火绒草、羊茅、甘肃雪灵芝、龙胆、甘肃马先蒿、垫状点地梅
高寒荒漠草原类	青甘韭草地型	文部北村	4 642	青甘韭、二裂委陵菜
	青海刺参草地型	文部乡1村	4 679	青海刺参、二裂委陵菜、冻原白蒿、独一味
	杂类草草地型	措罗乡	4 710	二裂委陵菜、狗娃花、红景天、火绒草

六、高寒荒漠类

高寒荒漠类草地是在寒冷和极短干旱的高原或高山亚寒带气候条件下，有超旱生垫状半灌木、垫状或莲座状草本植物为主发育形成的草类型。气候条件十分严酷，各月均在0 ℃以下，即使在夏季，夜冻昼融现象也频繁发生，没有绝对无霜期，紫外线极强，8级以上的大风日在200～280 d。土壤为高山寒漠土，多分布于分水岭脊、古冰斗、古冰碛平台等地段，现代冰川和寒冻分化作用十分强烈，山坡上岩石裸露、岩屑和冰碛石满布，活动的岩屑堆和条带状融冻石流广泛分布，冰碛石占90%以上，细粒物质仅在冰碛石间沉积（图8-7）。

图8-7 高寒荒漠（双湖）

主要分布在11县（区）海拔4 850 ~ 5 200 m的山体上，上接高山碎石带，下连嵩草—垫状植被草地型草地，是本地区分布最广的一类草地。

草地植被稀疏，植物组成简单，优势种单一，明显，以耐寒的超旱生植物垫状驼绒藜、红景天为优势种，伴生植物种类少，亩产鲜草12 ~ 16 kg，常见的有青藏苔草（*Carex moorcroftii*）、蒲公英（*Taraxacum mongolicum*）、柔软紫菀（*Aster yunnanensis*）、重齿风毛菊（*Saussurea katochaete*）、羊茅（*Festuca ovina*）、全缘绿绒蒿（*Meconopsis integrifolia*）、垫状点地梅（*Androsace tapete*）、甘肃雪灵芝（*Arenaria kansuensis*）、龙胆（*Gentiana scabra*）、雪莲（*Saussurea involucrata*）、藏荠（*Hedinia tibetica*）、垫状金露梅（*Potentilla fruticosa*）、二裂委陵菜（*Potentilla bifurca*）、胎生早熟禾（*Poa attenuata*）、矮生嵩草（*Kobresia humilis*）等。由于环境恶劣，单位面积产草量较低，利用价值不大，仅作为夏季辅

助放牧地。

此类草地可分为1个草地组，2个草地型（表8-6）。

表8-6 藏北那曲高寒荒漠类草地资源特征

类	型	采样点	海拔（m）	主要植物
高寒荒漠类	垫状金露梅—点地梅草地型	普诺岗日冰川一带	4 396	垫状金露梅、垫状点地梅、火绒草、小叶棘豆、白花枝子花、紫花针茅、棱子芹、二花棘豆
	垫状金露梅草地型	文部北村	4 880	垫状金露梅、火绒草、紫花针茅、钉柱委陵菜、垫状点地梅、甘肃马先蒿、高山嵩草、龙胆

第九章　藏北那曲草地资源评价

随着藏北那曲人类社会的不断发展和进步，对草地资源的认识也逐步加深，草地资源已经从最初单纯的畜牧业生产用途发展成为具有多种用途的自然资源。有些用途已被农牧民群众开发并进行了数量化评价，如草地畜牧业生产功能、游憩功能、生态功能等。合理有效地评价这些功能，是指导草地资源合理利用与规划的基础。

第一节　草地资源及其特点

青藏高原素有“世界屋脊”之称，藏北那曲地处西藏最北端，平均海拔4 500 m以上，在独特的自然气候、地形、地貌条件下，其草地资源具有以下特点。

一、草地面积辽阔、类型单调

藏北那曲横亘于西藏北部，东西宽而南北窄，草地总面积6.32亿亩；可利用草地面积4.69亿亩；自然保护区的核心区面积为8 934万亩；无人区面积约为6 000万亩。从草地类型来看，仅有6个大类，7个草地亚类、14个草地组、58个草地型；从植被类型看，从东部的山地草甸类，经中部的高寒草甸到西部的高寒草原，从南部广袤的紫花针茅到北部的垫状驼绒藜。

二、牧草产量低，地区差异大

由于寒、干的气候特点，使牧草植物处于十分严酷的生境，牧草生长低矮而稀疏，单位面积的鲜草产量为12 ~ 83 kg/亩，在少数河漫滩、泉水溢出带的大嵩草型草地，其产量可达62 ~ 78 kg/亩。牧草产量的另一个特点是地区差异性大。一般东部的牧草产量为50 ~ 80 kg/亩，高者可达80 kg/亩，中部的产草量除大嵩草外其他大多为12 ~ 24 kg/亩，西部地区大多为10 ~ 20 kg/亩。因此，草地的载畜能力东部高于中西部。

三、牧草品质好，营养成分高

牧草品质的好坏，是由其所含营养成分、适口性和消化率所决定的。由于藏北那曲海拔高，生境条件严酷，牧草种类较为单调。据调查有饲用价值的植物仅为130多种，约占植物种数的35.5%，以禾本科和莎草科草类为主，且牧草的叶量多，生殖枝少，不易被家畜消化吸收的纤维素、木质素少，适口性好，营养价值高。

四、草地利用具有明显的季节性

放牧地季带的划分，是依地形地势引起气候的垂直地带性变化而进行的。那曲东部因山高谷深，地形十分复杂，是影响放牧地水热条件的重要因素，特别是在高山、亚高山地带更是如此。西部和中部在广袤的高原上表现得并不明显，而在一些高山地带仍具有明显的季节性，在一个大的地区范围内，草地类型极其复杂，放牧地的利用也因此而有较大的差异。高山地带因气候寒冷，风雪较大，不能作为冷季放牧地，而夏秋季节，水草丰盛，气候凉爽，适宜于暖季放牧。地势低凹，风雪较小，背风向阳，牧草生长高大的地段，则是良好的冷季放牧地。从而使那曲的草地形成一定的季节利用特点。那曲的放牧畜牧业有悠久的历史，牧民群众对草地的利用有着丰富经验，一般可划分为冬春、夏秋两季，或冬、春、夏秋三季，或全年利用。

五、缺乏天然割草地

藏北草地牧草普遍长得低矮疏，加之地形起伏不平，因此，能刈割的天然草地极少，只分布在聂荣、那曲、安多、申扎等县的少数湖盆、河漫滩的沼泽化西藏嵩草草地上。班戈县的三角草草地和比如、索县、巴青、嘉黎少数河谷阶地的垂穗披碱草及白草草地上也可刈割少量的青干草。但面积小，仅起局部调节的作用，而且大部分属于冷季放牧地。因此，抗御自然灾害的能力差，不能从根本上解决本地区冷季大量缺草的矛盾。

第二节　草地资源及其现状

一、沙漠化现状

沙漠化是人为因素与自然因素共同作用的结果，因此对其评价必须全面综合地考虑。随着全球气候的变暖以及青藏高原的不断上升，那曲近几十年来气温也呈现上升的趋势。那曲是全国大风（>6 m/s）日数最多的地区之一，索县、色尼、安多、班戈、申扎、尼玛的平均大风日数分别为94.2 d、101.6 d、154.3 d、123.2 d、135.4 d、103.8 d（刘雪松 等，2003）。大风加剧了土壤水分的蒸发，破坏草地植被，加速土壤侵蚀，从而加剧了干旱，尤其是那曲西部干旱、半干旱地区，地表物质疏松，土壤团粒结构及有机质含量低，牧草稀疏，植被覆盖率低，大风常常吹蚀表土，导致风沙，引起土壤沙化并搬移沙石，造成了严重的风蚀现象，最终导致那曲土壤的严重沙化。

二、草地退化现状

干珠扎布（2018）在《藏北高寒草地生态系统对气候变化的响应与适应》一书提到“2004年那曲未退化草地占草地总面积的49.2%，其面积约为20.71万km^2（约3.11亿亩）；轻度退化草地占27.9%，其面积约11.76万km^2（约1.76亿亩）；中度退化草地占13.2%，分布面积约5.56万km^2（约0.83

亿亩）；重度和极重度退化草地面积分别占8.0%和1.7%，面积分别为3.38万km^2（约0.51亿亩）和0.73万km^2（约0.11亿亩），截至2010年，藏北那曲接近中等退化水平，从不同区域来看，北部地区的退化最为严重，其次是中部地区和东部地区”。

三、草地毒杂草现状

藏北那曲，尤其在西部地区毒杂草繁衍非常严重。那曲主要毒杂草有狼毒和棘豆等。狼毒（*Stellera chamaejasme*）又名粉团花、甘遂、断肠草，多年生瑞香科草本植物，根系发达，属于深根性植物。在那曲全境广泛分布，尤其在西部地区分布面积较大，在退化草地上大面积生长，已成为主要优势种。狼毒有剧毒，家畜一般不食，但在缺草季节牲畜误食后毒性很大，各种家畜均可中毒。那曲区域内主要棘豆种类有小花棘豆（*Oxytropis glabra*）、黄花棘豆（*Oxytropis ochrocephala* Bunge）、甘肃棘豆（*Oxytropis kansuensis* Bunge）等，属多年生豆科草本植物，耐寒耐湿，干旱年份生长旺盛，全草含生物碱、有异味，干旱缺草时，家畜易采食，家畜误食后表现为慢性积累中毒，以马最为严重，其次是牛、羊。目前，有关那曲地区毒杂草分布规律及其趋势，以及毒杂草防治技术的研究较少。

四、草地鼠害现状

那曲鼠害主要为高原鼠兔（*Ochotona curzoniae*）、布氏田鼠（*Lasiopodomys brandtii*）、喜马拉雅旱獭（*Marmota himalayana*）、高原兔（*Lepus oiostolus*），其数量之多，分布面积之广，密度之高，为害非常严重，这是导致草地退化的主要原因之一。

五、草地病虫害现状

那曲草地病虫害随年份、温度、降水等不同，发生区域性草原毛虫灾害。主要为害高寒草甸草地，几乎采食所有的优质牧草，并且从牧草返青到枯黄整个过程都可能发生虫灾。在虫灾区，一般害虫达10～30头/m^2，最严重的区域可以达到500～600头/m^2，为害十分严重。同时，草原毛虫对人畜也有一定的为害。近年来，那曲草原毛虫发生的范围和程度也日趋扩增。

第三节　藏北典型高原牧区草畜动态平衡饲草料典型案例分析

一、藏北典型高原县域基本情况

藏北高寒草地面积6.3亿亩，藏北高寒草地是藏族牧民赖以生存的物质基础，是全国五大牧区之一，是西藏主要畜牧业生产基地，自然条件极为严酷，生态系统极为脆弱，气候干旱、寒冷、无霜期短，草地产草量低，适宜冬季放牧的草地缺乏，几乎无天然割草地。针对藏北高原生态保护与草地利用管理之间的矛盾，以聂荣县全区域典型高原牧区，在开展天然草地核定载畜量的基础上，进一步研究牦牛养殖天然草地载畜量及生态平衡，分析牦牛养殖场饲草盈亏状况，提出草畜动态平衡饲草料供给模式。

聂荣县，地处青藏高原中部、唐古拉山南麓、那曲中北部，北与青海省杂多县接壤，东与巴青县、比如县毗邻，西靠安多县，南与色尼区相连，平均海拔4 700 m，气候独特多变，年平均气温0 ℃以下，自然灾害易发多发。

（一）天然草地情况

聂荣县县域面积约2.14万km^2，其中可利用草地面积为1.85万km^2，承包到户草原面积2 603.95万亩，属纯牧业县。全县下辖9乡1镇、142个行政村（居）委会，据2020年初统计，全县共有6 866户、36 394人，其中牧业户数占总户数的95%以上。

（二）牲畜存栏情况

全县各类牲畜存栏278 336头（只、匹），其中牦牛241 550头（大畜200 543头、小畜41 007头）、绵羊31 583只（大畜24 631只、小畜6 952只），山羊3 761只（大畜3 113只、小畜648只），马1 442匹（大畜1 372匹、小畜70匹），折合绵羊114.45万只。

（三）聂荣县典型高原畜牧业现状

藏北高原气候温度低，全年无绝对无霜期，由于受气候条件的影响，牧草生长季短、植被生产力低，牧草短缺，尤其是冬季饲草缺口巨大。目前，藏北高原草地生态系统处于超载状态，放牧强度超过了其承载能力，系统处于不可持续的发展状态。此外，随着天然草原承包到户，原有的游牧方式被定点放牧取代，使草地不能休养生息，草地的放牧压力进一步加大。由于藏北草地牛产力季节差异显著，牲畜呈“夏壮、秋肥、冬瘦、春乏”的季节性动态变化，冬季体重减少近30%，且牲畜繁殖期处于冬春季饲草短缺时期，形成了低繁殖率和低幼崽成活率的特点，大大降低了其生产性能。目前，藏北高原畜牧业仍以“靠天养畜”为主，缺乏科学养殖技术支撑，抵御灾害和风险能力较差，畜牧业生产效率低下，传统草地畜牧业亟待转型升级。牲畜数量居高不下，而草地生产力普遍较低，难以提供足够的牧草，冬春季节饲草料短缺缺口巨大。

二、藏北典型草原牧区畜牧业饲草料供给情况

（一）典型县域畜牧业基础状况调查

据2020年初统计，全县共有6 866户、36 394人，其中牧业户数占总户数的95%以上。

（二）典型县域草地监测与遥感监测

为整体准确评估聂荣县全县天然草地生产力，于2019年、2020年牧草生长旺盛期开展天然草地地面监测与调查工作，采用常规监测法（样方

为50 cm × 50 cm），共监测80个不同草地类型样地，240个样方，对其盖度、高度、生物多样性及草地生产力、进行监测记录分析，并结合9月份卫星影像资料，对影像数进行辐射定标，大气校正、镶嵌、裁剪等预处理，从中提取NDVI植被指数，分析聂荣县不同草地类型草地生产力情况。

1. 总产草量反演模型的建立

在240个监测样方中选出90个分布空间分布均匀样本作为建模点。因受卫星数据的云量影响，所以提取3—9月NDVI图，计算每个点的NDVI最大值，排除卫星数据云量对NDVI影响，再对建模点的NDVI含量与总产草量进行逐步回归，根据回归R^2最高、均方差最小、统计量F最高的原则选择，最后确定聂荣县NDVI与总产草量的关系，其公式如下所示，关系如图9-1所示。

$y=1.091\,3x^2-64.132x+1\,916.1$

x为NDVI值，为总产草量。

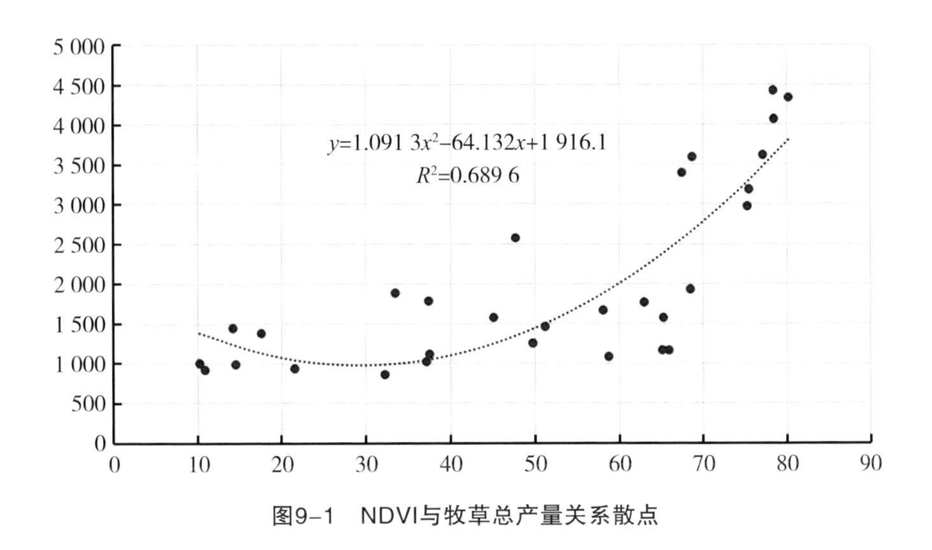

图9-1　NDVI与牧草总产量关系散点

2. 总产草量的反演

项目组根据以上的模型，利用全区域的NDVI值对整个工作区进行了反演，从而可估算整个区域的总产草量分布。

表9-1为总产草量在不同含量分级下的面积。全区域的总产草量主要集中在大于6 000 kg/hm²。含量在4 000～6 000 kg/hm²所占面积最大，达到4 297.84 km²。含量在1 500 kg/hm²以下所占面积较小，面积为2 394.44 km²。

表9-1　全区域总产草量在不同含量分级下的面积

含量（kg）	面积（km²）	含量（kg）	面积（km²）
小于1 000	946.09	3 000～3 500	1 281.67
1 000～1 200	699.40	3 500～4 000	1 361.51
1 200～1 500	748.95	4 000～4 500	1 426.83
1 500～2 000	912.00	4 500～5 000	1 459.82
2 000～2 500	1 062.61	5 500～6 000	1 411.19
2 500～3 000	1 200.09	大于6 000	1 587.32

3. 聂荣县总产草量

根据以上反演结果：聂荣县2020年全域总产青干草43.42万t。

（三）饲草供给量与饲草需求

通过实地调查发现，2020年聂荣县无人工草地，人工草地饲草供给量为比2019年少了0.74万t。在天然草地牧草进入最佳品质期和最高产量期对其地上生物量进行测定，全县不同草地类型草场地上生物量平均为279.76 g/m²，同比去年高59.26 g。根据冷暖季各自草场面积及其草地合理利用率，聂荣县全县天然草地饲草供给量为186.09万t。根据近几年天然草地植被退化情况，按照草地利用率70%计算，天然草地为全县牲畜供给饲草量为130.26万t，折合青干草为43.42万t。

根据“藏北高寒牧区牦牛补饲技术规程”补饲措施，冷暖季放牧时间（暖季5—10月，冷季11月—翌年4月），科学计算牲畜饲草盈亏状况，聂荣县牲畜养殖全年所需饲草量为114.45万只绵羊单位×2 kg/d/只×365 d=83.55万t青干草。天然草地为全县牲畜供给饲草量青干草仅为43.42万t，全年饲草量短缺达40.13万t青干草，每个绵羊单位一年短缺350 kg青干草，牲畜处于半饥饿状态。

三、藏北典型高原牧区畜牧业草畜平衡模式探索

通过对藏北典型高原牧区草地生态生产功能和畜牧业现状的调研分析，采取生态保护与畜牧业平衡发展的措施，探索典型高原牧区畜牧业草畜平衡饲草料供需模式，解决畜牧业日益增长的饲草需求同饲草供给量不足之间的矛盾，根据畜牧业发展现状调研和草地生产力监测，探索提出藏北典型高原牧区草畜动态平衡饲草料供给模式（图9-2）。

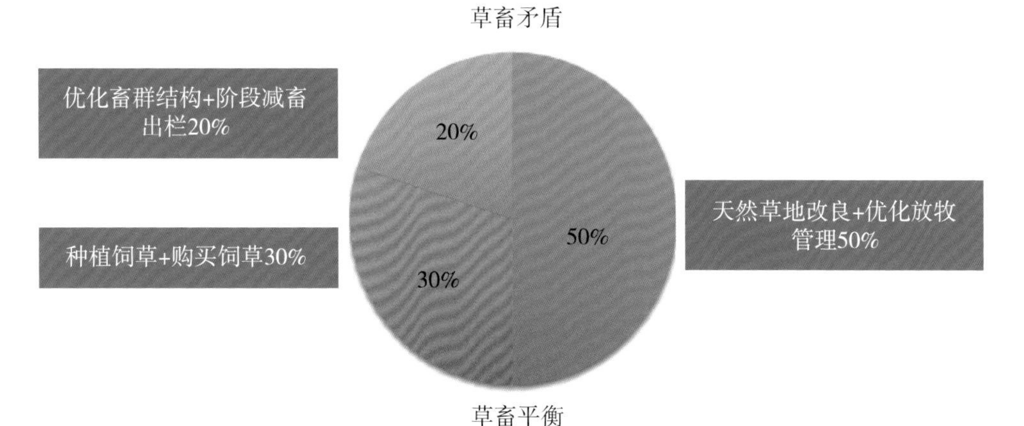

图9-2　藏北典型高原牧区草畜动态平衡饲草料供给模式

“天然草场改良+优化放牧管理”，解决饲草缺口的50%。天然草场改良和优化放牧管理补充全县缺口饲草的50%，可补充缺口饲草20.07万t青干草。其中天然草场承包面积按10%的草场面积进行生态修复改良，约改良天然草场260万亩，按每亩地上生物量增加20%计算（干珠扎布 等，2019），另外，2019年和2020年草地监测全县天然草地平均鲜草产量为149.2 kg/亩，并按照天然草地利用率的70%计算，天然草场饲草供给量增

加5.43万t青干草；优化放牧管理，利用现有围栏进行划区轮牧，采用半舍饲化养殖技术，给天然草地提供休养生息、自我修复的机会，天然草地增加14.64 t。通过施肥、补播、灌溉、围栏封育等改良措施，提高天然草地生产力，天然改良天然草地按照20元/亩计算，花费5 200万元。

“种植饲草+购买饲草”，解决饲草缺口的30%。适度规模人工种草和房前屋后人工种草以及购买饲草补充全县短缺饲草的30%，可补充缺口饲草12.04万t青干草。其中适度规模人工种草和房前屋后人工种草补充1.044万t饲草（房前屋后全县按照6 522牧户，0.6亩/户，750 kg/亩；区域人工种草1 000亩/乡，750 kg/亩）；购买饲草料缺口饲草11万t。通过在适宜区域开展适度规模人工饲草基地建设和房前屋后人工种草，增加单位面积饲草产量，一方面可大大提高载畜量，增加牲畜饲养绵羊单位，另一方面可减缓天然草地放牧压力，保护生态。

“优化畜群结构+阶段减畜出栏”，解决饲草缺口的20%。根据“出生多少，出栏多少”的畜牧业发展原则，优化畜群结构和阶段减畜，补充全县短缺饲草的20%，可弥补缺口饲草8.026万t。其中，优化畜群结构，对全县牲畜结构进行科学合理的调整，提高能繁母畜的比例，降低公畜、弱畜、老畜的比例，可减少天然草地承载压力，在保护草地的同时减少对饲草的需求；阶段减畜，尤其是超载户牲畜要分段式减畜，制定每个阶段具体的减畜目标，如按牲畜10%的比例减畜，饲养牲畜可减少114 453个绵羊单位，所需饲草料可节约8.36万t，可减少购买饲草8.36万t青干草。

因此，探索（天然草场改良+优化放牧管理）50%+（种植饲草+购买饲草）30%+（优化畜群结构+阶段减畜出栏）20%畜牧业草畜平衡发展模式，即“5-3-2”畜牧业草畜平衡饲草料供需协同发展模式，在高原牧区草畜矛盾不平衡的情况下，通过补充饲草和阶段减畜双向施策，不断增加牲畜饲草料，降低牲畜存栏量，解决草畜矛盾，使草畜供需处于动态平衡状态，最终实现草畜平衡，形成藏北典型高原牧区草畜动态平衡饲草料供给模式。

四、结论

通过一系列高原牧区草地生态保护措施，探索藏北典型高原牧区草畜动态平衡饲草料供给模式。通过天然草场改良和优化放牧管理，保护和改良天然草地，运用生态修复治理改良技术，大幅提高天然草地单位面积产草量，优化放牧管理，采用天然草场划区轮牧的方式，补充饲草缺口的50%；多渠道提供饲草料，发展种植房前屋后和适度规模人工草地，通过自行种植饲草和购买饲草料补充饲草短缺的30%；根据“出生多少，出栏多少”的畜牧业发展原则，优化畜群结构和分阶段减畜，补充饲草短缺的20%。

采用（天然草场改良+优化放牧管理）50%+（种植饲草+购买饲草）30%+（优化畜群结构+阶段减畜出栏）20%方案，即“5-3-2”畜牧业草畜平衡饲草料供需协同发展模式，在高原牧区草畜矛盾不平衡的情况下，通过补充饲草和阶段减畜双向施策，不断增加饲草料，实现农牧耦合，降低牲畜存量，解决草畜矛盾，双向缓解天然草地放牧压力，保护草原生态，形成藏北典型高原牧区草畜动态平衡饲草料供给模式，使草畜供需处于动态平衡、和谐、持续状态，最终实现草畜平衡。

那曲常见植物名录

A

阿拉善马先蒿 *Pedicularis alaschanica* Maxim.

矮棱子芹 *Pleeurospermumnanum nanum* Franch.

矮生嵩草 *Kobresia humilis*（C. A. Mey. Trautv.）Serg.

矮羊茅 *Festuca coelestis*（St.-Yves）Krecz. et Bobr.

B

巴天酸模 *Rumex patientia* L.

白苞筋骨草 *Ajuga lupulina* Maxim.

白草 *Pennisetum flaccidum* Griseb.

白花刺参 *Morina alba* Hand.-Mazz.

白花甘肃马先蒿 *Pedicularis kansuensis* Maxim. subsp. *kansuensis* f. albiflora L.

白花蒲公英 *Taraxacum leucanthum*（Ledeb.）Ledeb.

白花枝子花 *Dracocephalum heterophyllum* Benth.

白桦 *Betula platyphylla* Suk.

白蓝翠雀花 *Delphinium albocoeruleum* Maxim.

白莲蒿 *Artemisia sacrorum* Ledeb.

白头葱 *Allium leucocephdlum* Turcz.

白小伞虎耳草 *Saxifraga umbellulata* Hook. f. et Thoms. var. *muricola*（Marquand et Airy-Shaw）J. T. Pan.

斑唇马先蒿 *Pedicularis longiflora* var. *tubiformis*（Klortz.）Ts oong

半卧狗娃花 *Heteropappus semiprostratus* Griers.

苞叶雪莲 *Saussurea obvallata*（DC）Edgew.

宝盖草 *Lamium amplexicaule* L.

荸荠 *Eleocharis dulcis*（Burm. f.）Trin.

篦齿眼子菜 *Potamogeton pectinatus* L.

扁刺蔷薇 *Rosa sweginzowii* Koehne

变色锦鸡儿 *Caragana versicolor*（Wall）Benth.

冰川棘豆 *Oxytropis glacialis* Benth. exBge.

播娘蒿 *Descurainia sophia*（L.）Webb，ex Prantl

C

糙果紫堇 *Corydalis trachycarpa* Maxim.

草地老鹳草 *Geranium pratense* L.

草玉梅 *Anemone rivularis* Buch. -Ham. ex DC.

叉枝蓼 *Polygonum tortuosum* D. Don.

长鞭红景天 *Rhodiola fastigiata*（Hook. f. et Thoms.）S. H. Fu

长果婆婆纳 *Veronica ciliata* Fisch.

长花滇紫草 *Onosma hookeri* var. *longiflorum* Duthie ex Stapf

长毛小舌紫菀 *Aster albescens*（D-C.）Hand. -Mazz. var. *pilosus* Hand.-Mazz.

长柱沙参 *Adenophora stenanthina*（Ledeb.）Kitag.

臭蒿 *Artemisia hedinii* Ostenf. et Pauls.

川西小黄菊 *Pyrethrum tatsienense*（Bureau et Franch.）Ling ex Shih.

垂果南芥 *Arabis pendula* L.

垂穗披碱草 *Elymus nutans* Griseb.

刺果猪殃殃 *Galium echinocarpum* Hayata

刺续断（红花刺参）*Morina nepalensis* D. Don.

粗糙黄堇 *Corydalis acaberula* Maxim.

粗根韭 *Allium fasciculatum* Rendle

粗茎秦艽 *Gentiana crassicaulis* Duthie ex Burk.

粗壮嵩草 *Kobresia robusta* Maxim.

簇生卷耳 *Cerastium caespitosum* Gilib.

D

大唇马先蒿 *Pedicularis megalochila* L.

大果大戟 *Euphorbia wallichii* Hook. f.

大果圆柏 *Sabina tibetica* Kom.

大颖草 *Kengyilia grandiglumis*（Keng et S. L. Chen）J. L. Yang

大籽蒿 *Artemisia sieversiana* Ehrhart ex Willd.

单花翠雀花 *Delphinium candelabrum* Ostf. var. *monanthum.*

单子麻黄 *Ephedra monosperma* Cmel. ex. Mey.

淡黄香青 *Anaphalis flavescens* Hand. -Mazz.

垫状点地梅 *Androsace tapete* Maxim.

垫状金露梅 *Potentilla fruticosa* L. var. *pumila* Hook. f.

垫状棱子芹 *Pleurospermum hedinii* Diels

迭裂银莲花 *Anemone imbricata* Maxim.

钉柱委陵菜 *Potentilla saundersiana* Royle.

冬虫夏草 *Cordyceps sinensis*（BerK.）Sacc.

冻原白蒿 *Artemisia stracheyi* J. D. Hooker et Thomson ex C. B. Clarke

独一味 *Lamiophlomis rotata*（Benth.）Kudo

短毛独活 *Heracleum hemsleyanum* Hance.

短穗兔耳草 *Lagotis brachystachya* Maxim.

钝苞雪莲 *Saussurea nigrescens* Maxim.

多刺绿绒蒿 *Meconopsis horridula* Hook. f. et Thoms.

多舌飞蓬 *Erigeron multiradiatus*（Lindl.）Benth.

多头委陵菜 *Potentilla multiceps* Yu et Li

E

二花棘豆 *Oxytropis biflora* P. C. Li.

二裂委陵菜 *Potentilla bifurca* L.

F

飞廉 *Carduus Crispus* L.

飞蓬 *Erigeron acris* L.

伏毛山莓草 *Sibbaldia adpressa* Bge.

伏毛铁棒锤 *Aconitum flavum* Hand. -Mazz.

拂子茅 *Calamagrostis epigeios*（L.）Roth.

阜莱氏马先蒿 *Pedicularis fletcherii* Ts oong.

G

甘青大戟 *Euphorbia micractina* Boiss.

甘青老鹳草 *Geranium pylzowianum* Maxim.

甘青青兰 *Dracocephalum tanguticum* Maxim.

甘青铁线莲 *Clematis tangutica*（Maxim.）Korsh.

甘肃马先蒿 *Pedicularis kansuensis* Maxim.

甘肃雪灵芝 *Arenaria kansuensis* Maxim.

甘遂 *Stellera chamaejasme* L.

甘西鼠尾草 *Salvia przewalskii* Maxim.

刚毛忍冬 *Lonicera hispida* Pall. ex Roem. et Schult.

高丛珍珠梅 *Sorbaria arborea* Schneid.

高山嵩草 *Kobresia pygmaea* C. B. Clarke.

高山唐松草 *Thalictrum alpinum* L.

高山瓦韦 *Lepisorus eilophyllus*（Christ）Ching et S. K. Wu.

高山绣线菊 *Spiraea alpina* Pall.

高原景天 *Sedum przewalskii* Maxim.

高原毛茛 *Ranunculus tanguticus*（Maxim.）Ovcz.

高原荨麻 *Urtica hyperborea* Jacq. ex Wedd.

戈壁针茅 *Stipa gobica* Roshev.

固沙草 *Orinus thoroldii*（Stapf ex Hemsl.）Bor

灌木亚菊 *Ajania fruticulosa*（Ledeb.）Poljak.

鬼箭锦鸡儿 *Caragana jubata*（Pall.）Poir.

H

海乳草 *Glaux maritima* L.

旱雀麦 *Bromus tectorum* L.

禾叶风毛菊 *Saussurea graminea* Dunn

合头菊 *Syncalathium kawaguchii*（Kitam.）Ling.

黑苞风毛菊 *Saussurea melanotrica* Hand. -Mazz.

黑褐苔草 *Carex atrofusca Schkuhr* subsp. *minor*（Boott）T. Koyama.

黑心虎耳草 *Saxifraga melanocentra* Franch.

红毛马先蒿 *Pedicularis rhodotricha* Maxim.

红紫桂竹香 *Cheiranthus roseus* Maxim.

花葶驴蹄草 *Caltha scaposa* Hook. f.et Thoms.

华扁穗草 *Blysmus sinocompressus* Tang et Wang.

黄花棘豆 *Oxytropis ochrocephala* Bunge

黄山鳞毛蕨 *Dryopteris whangshangensis* Ching

灰绿藜 *Chenopodium glaucum* L.

J

芨芨草 *Achnatherum splendens*（Trin.）Nevski

鸡骨柴 *Elsholtzia fruticosa*（D. Don）Rehd.

鸡娃草 *Plumbagella micrantha*（Lebeb.）Spach

戟叶火绒草 *Leontopodium dedekensii*（Bur. et Franch.）Beauv.

假水生龙胆 *Gentiana pseudoaquatica* Kusn.

尖果寒原芥 *Aphragmus oxycarpus*（Hook. f. et Thomson）Jafri.

尖突黄堇 *Corydalis mucronifera* Maxim.

箭叶橐吾 *Ligularia sagitta*（Maxim.）Mattf.

金露梅 *Potentilla fruticosa* L.

堇花唐松草 *Thalictrum diffusiflorum* Marq. et Airy Shaw

锦葵 *Malva sinensis* Cavan.

劲直黄芪 *Astragalus strictus* Grah. ex Benth.

茎柱风毛菊 *Saussurea columnaris* Hand. -Mazz.

聚花马先蒿 *Pedicularis confertiflora* Prain.

聚头蓟（葵花大蓟）*Cirsium souliei*（Franch.）Mattf.

卷茎蓼 *Polygonum convolvulus* L.

卷叶黄精 *Polygonatum cirrhifolium*（Wall.）Royle

蕨 *Pteridium aquilinum* var. *latiusculum*

蕨麻委陵菜 *Potentilla anserina* L.

K

空桶参 *Soroseris erysimoides*（Hand.-Mazz.）Shih.

宽叶红门兰 *Orchis latifolia* L.

宽叶荨麻 *Urtica hyperborea* Jacq. ex Wedd.

L

赖草 *Leymus secalinus*（Georgi）Tzvel.

蓝翠雀花 *Delphinium caeruleum* Jacq. ex Camb.

蓝花荆芥 *Nepeta coerulescens* Maxim.

蓝花卷鞘鸢尾 *Iris potaninii* Maxim. var. *ionantha Y.* T. Zhao.

丽江棱子芹 *Pleurospermum foetens* Frcach.

栗色鼠尾草 *Salvia castanea* Diels

镰萼喉毛花 *Comastoma falcatum*（Turcz.）Toyokuni.

镰叶韭 *Allium carolinianum* DC.

裂瓣角盘兰 *Herminium alaschanicum* Maxim.

鳞叶龙胆 *Gentiana squarrosa* Ledeb.

玲玲香青 *Anaphdlis hancockii* Maxim.

柳兰 *Chamaenerion angustifblium*（L.）Scop

路边青 *Geum aleppicum* Jacq.

露蕊乌头 *Aconitum gymnandrum* Maxim.

轮生叶野决明 *Thermopsis inflata* Cambess

落地金钱 *Habenaria aitchisonii* Rchb. F.

M

马尿泡 *Przewalskia tangutica* Maxim.

马蹄黄 *Spenceria ramalana* Trimen

脉花党参 *Codonopsis nervosa*（Chipp）Naimf.

芒洽草 *Koeleria litvinowii* Dom.

毛萼獐牙菜 *Swertia hispidicalyx* Burk.

毛果草 *Lasiocaryum munroi*（C. B. Clarke）Johnst.

毛蓝雪花 *Ceratostigma griffithii* C. B. Clarke

毛穗香薷 *Elsholtzia eriostachya* Benth.

美花草 *Callianthemum pimpinelloides*（D. Don）Hook. f. et Thoms.

美丽风毛菊 *Saussurea superba* Anth.

美丽马先蒿 *Pedicularis bella* Hook. f.

蒙古葶苈 *Draba mongolica* Turcz.

密花翠雀花 *Delphinium densiflorum* Duthie ex Huth

密花香薷 *Elsholtzia densa* Benth.

密序溲疏 *Deutzia compacta* Craib.

棉毛葶苈 *Draba winterbottomii*（Hook. f. et Thomson）Pohle

N

尼泊尔黄堇 *Corydalis mucrontfera* Maxim.

尼泊尔酸模 *Rumex nepalensis* Spreng.

牛蒡 *Arctium lappa* L.

女娄菜 *Melandrium apricum*（Turcz.）Rohrb.

O

欧氏马先蒿 *Pedicularis oederi* Vahl

P

螃蟹甲 *Phlomis younghusbandii* Mukerj.

披针叶野决明 *Thermopsis lanceolata* R. Br.

平贝母 *Fritillaria ussuriensis* Maxim.

平车前 *Plantago depressa* Willd.

平卧轴藜 *Axyris prostrata* L.

铺地棘豆 *Oxytropis humifusa* Kar. et Kir.

铺散肋柱花 *Lomatogonium thomsonii*（C. B. Clarke）Fernald.

匍匐水柏枝 *Myricaria Prostrata* Benth. et Hook. f.

蒲公英 *Taraxacum mongolicum* Hand.-Mazz.

普兰女娄菜 *Melandriuna puranense* L. H.

普氏马先蒿 *Pedicularis przewalskii* Maxim.

Q

奇林翠雀花 *Delphinium candelabrum* Ostenf.

歧穗大黄 *Rheum przewalskyi* A. Losinsk.

荠 *Capsella bursa-pastoris*（L.）Medic.

茜草 *Rubia cordifolia* L.

羌塘雪兔子 *Saussurea wellbyi* Hemsl.

秦岭小檗 *Berberis circumserrata*（Schneid.）Schneid.

青藏大戟 *Euphorbia altotibetica* Pauls.

青藏狗娃花 *Heteropappus boweri*（Hemsl.）Griers.

青藏苔草 *Carex moorcroftii* Falc. ex Boott

青藏雪灵芝 *Arenaria roborowskii* Maxim.

青甘韭 *Allium przewalskianum* Regel

青海刺参 *Morina kokonorica* Hao

青海云杉 *Picea crassifolia* Kom.

全缘叶绿绒蒿 *Meconopsis integrifolia*（Maxim.）Franch.

全缘叶马先蒿 *Pedicularis integrifblia* Hook. f.

R

绒舌马先蒿 *Pedicularis lachnoglossa* Hook. f.

柔小粉报春 *Primula pumilio* Maxim.

肉果草 *Lancea tibetica* Hook. f. et Thoms.

弱小马先蒿 *Pedicularis debilis* Franch. ex Maxim.

S

三春水柏枝 *Myricaria paniculata* P. Y. Zhang et Y. J. Zhang

三裂碱毛茛 *Halerpestes tricuspis*（Maxim.）Hand.-Mazz.

沙生针茅 *Stipa glareosa* P. Smim.

山荆子 *Malus baccata*（L.）Borkh.

山居雪灵芝 *Arenaria edgeworthiana* Majumdar

山莨菪 *Anisodus tanguticus*（Maxim.）Pascher

山岭麻黄 *Ephedra gerardiana* Wall. ex Stapf.

山桃 *Amygdalus davidiana*（Carriere）de Vos ex Henry.

山羊臭虎耳草 *Saxifraga hirculus* L.

杉叶藻 *Hippuris vulgaris* L.

舌叶垂头菊 *Cremanthodium lingulatum* S. W. Liu

湿生扁蕾 *Gentianopsis paludosa*（Hook. f.）Ma

匙叶翼首花 *Pterocephalus hookeri*（C. B. Clarke）Diels

鼠曲雪兔子 *Saussurea gnaphalodes*（Royle）Sch. Bip.

束花粉报春 *Primula fasciculata* Balf. F. et Ward.

双叉细柄茅 *Ptilagrostis dichotoma* Keng ex Tzvel.

水麦冬 *Triglochin palustris* L.

水母雪莲花 *Saussurea medusa* Maxim.

水生酸模 *Rumex aquaticus* L.

丝颖针茅 *Stipa capillacea* Keng

四裂红景天 *Rhodiola quadrifida*（Pall.）Fisch. et. Mey.

四数獐牙菜 *Swertia tetraptera* Maxim.

穗发草 *Deschampsia koelerioides* Regel

梭罗草 *Kengyilia thoroldiana*（Oliv.）J. L. Yang

T

胎生早熟禾 *Poa attenuata* Trin. var. *vivipara* Rendle

太白韭 *Alliumprattii* C. H. Wright apud. et Hemsl.

太白细柄草 *Ptilagrostis concinna*（Hook. f.）Roshev.

唐古拉翠雀花 *Delphinium tangkulaense* W. T. Wang

唐古特大黄 *R. tanguticum* Maxim. ex Balf.

糖茶藨 *Ribes himalense* Royle

桃儿七 *Sinopodophyllum hexandrum*（Royle）Ying

天蓝韭 *Allium cyaneum* Regel

田葛缕子 *Carum buriaticum* Turcz.

条裂黄堇 *Corydalis linarioides* Maxim.

头花独行菜 *Lepidium capitatum* Hook. f. et. Thoms.

凸额马先蒿 *Pedicularis cranolopha* Maxim.

团垫黄芪 *Astragalus arnoldii* Hemsl.

驼绒藜 *Ceratoides latens*（J. F. Gmel.）Reveal et Holmgren

椭圆叶花锚 *Halenia elliptica* D. Don

W

网脉大黄 *Rheum reticulatum* A. Los.

微孔草 *Microula sikkimensis*（C. B. Clarke）Hemsl.

萎软紫菀 *Aster flaccidus* Bge.

屋根草 *Crepis tectorum* L.

无瓣女娄菜 *Melandrium apetalum*（L.）Fenzl

无茎黄鹌菜 *Youngia simulatrix*（Babc.）Babe. et Stebb.

X

西伯利亚蓼 *Polygonum sibiricum* Laxm.

西藏草莓 *Fragaria nubicola* Lindl. ex Lacaita

西藏豆瓣菜 *Nasturtium tibeticum* Maxim

西藏嵩草 *Kobresia schoenoides*（C. A. Mey.）Steud

西藏落叶松 *Larix griffithiana*（Ling，et Gord.）Hort. ex Cerr.

西藏泡囊草 *Physochlaina praealta*（Decne）Miers.

西藏三毛草 *Trisetum tibeticum* P. C. Kuo et Z. L. Wu

西藏沙棘 *Hippophae thibetana* Schlechtend.

西藏微孔草 *Microula tibetica* Benth.

西藏野豌豆 *Vida tibetica* Fisch.

菥蓂 *Thlaspi arvense* L.

锡金报春 *Primula sikkimensis* Hook. f.

锡金岩黄芪 *Hedysarum sikkimense* Benth. ex Baker.

喜马红景天 *Rhodiola himalensis*（D. Don）S. H. Fu

喜山柳叶菜 *Epilobium royleanum* Haussk.

细果角茴香 *Hypecoum leptocarpum* Hook. f. et Thoms.

细叶西伯利亚蓼 *Polygonum sibiricum* Laxm. var. *thomsonii* Meisn. ex Stew.

细蝇子草 *Silene tenuis* Willd.

狭果茶藨子 *Ribes stenocarpum* Maxim.

狭舌毛冠菊 *Nannoglottis gynura*（C. Winkl.）Ling et Y. L. Chen

狭叶委陵菜 *Potentilla stenophya*（Franch.）Diels

鲜卑花 *Sibiraea laevigata*（L.）Maxim.

鲜黄小檗 *Berberis diaphana* Maxim.

藓状马先蒿 *Pedicularis muscoides* L.

线叶嵩草 *Kobresia capillifolia*（Decne）C. B. Clarke.

线叶龙胆 *Gentiana farreri* Balf. f.

腺女娄菜 *Melandrium glandulosum*（Maxim.）F. N. Williams

香柏 *Thuja occidentalis* L.

小丛红景天 *Rhodiola dumulosa*（Franch.）S. H. Fu

小大黄 *Rheum pumilum* Maxim.

小灯心草 *Juncus bufonius* L.

小垫黄芪 *Astragalus arnoldii* HemsL Et Pearson.

小金莲花 *Trollius pumilus* D. Don

小叶棘豆 *Oxytropis microphylla*（Pall.）DC.

小叶金露梅 *Pentaphylloides parvifolia* Fisch.

小叶栒子 *Cotoneaster microphyllus* Wall. ex Lindl.

斜茎黄芪 *Astragalus adsurgens* Pall.

星状雪兔子 *Saussurea Stella* Maxim.

雪层杜鹃 *Rhododendron nivale* Hook. f.

Y

岩生忍冬 *Lonicera rupicola* Hook. f. et Thoms.

银灰旋花 *Convolvulus ammannii* Desr.

银露梅 *Potentilla glabra* Lodd.

银叶火绒草 *Leontopodium souliei* Beauv.

隐序南星 *Arisaema Wardii* Marq.

硬叶柳 *Salix sclerophylla* Anderss.

鼬瓣花 *Galeopsis bifida* Boenn.

玉竹 *Polygonatum odoratum*（Mill.）Druce

圆齿褶龙胆 *Gentiana crenulatotruncata*（Marq.）T. N. Ho

圆穗蓼 *Polygonum macrophyllum* D. Don.

缘毛紫菀 *Aster souliei* Franch.

云南黄芪 *Astragalus yunnanensis* Franch.

云南兔耳草 *Lagotis yunnannensis* W. W. Smith.

云生毛茛 *Ranunculus longicaulis* C. A. Mey. var. *nephelogenes*（Edgew.）L. Liou.

云雾龙胆 *Gentiana nubigena* Edgew.

芸香叶唐松草 *Thalictrum rutifolium* Hook. f. & Thomson

Z

藏菠萝花 *Incarvillea younghusbandii* Sprague.

藏布红景天 *Rhodiola sangpo-tibetana*（Frod）S. H. Fu.

藏豆 *Stracheya tibetica* Benth.

藏蓟 *Cirsium lanatum*（Roxb. ex Willd.）Spreng.

藏沙蒿 *Artemisia wellbyi* Hemsl. et Pearson.

藏玄参 *Oreosolen wattii* Hook. f.

藏鸭首马先蒿 *Pedicularis anas* Maxim.

藏野青茅 *Deyeuxia tibetica* Bor

藏蝇子草 *Silene waltonii* Williams

早熟禾 *Poa annua* L.

粘毛鼠尾草 *Salvia roborowskii* Maxim.

展苞灯心草 *Juncus thomsonii* Buchen.

展枝唐松草 *Thalictrum squarrosum* Steph. ex Willd.

胀果棘豆 *Oxytropis stracheyana* Benth. ex Baker.

沼生柳叶菜 *Epilobium Paluster* L.

褶皱马先蒿 *Pedicularis plicata* Maxim.

直梗高山唐松草 *Thalictrum alpinum* L. var. *elatum* Ulbr.

中亚早熟禾 *Poa litwinowiana* Ovcz.

重齿风毛菊 *Saussurea katochaete* Maxim.

珠芽虎耳草 *Saxifraga granulifera* Harry Sm.

珠芽蓼 *Polygonum viviparum* L.

猪毛菜 *Salsola collina* Pall.

竹灵消 *Cynanchum inamoenum*（Maxim.）Loes.

锥花黄堇 *Corydalis thyrsiflora* Prain.

紫花糖芥 *Erysimum chamaephyton* Maxim.

紫花针茅 *Stipa purpurea* Griseb.

紫野麦草 *Hordeum violaceum* Boiss. et Huet.

总状绿绒蒿 *Meconopsis horridula* Hook. f. et Thoms. var. *racemosa*（Maxim.）Prain.

钻叶风毛菊 *Saussurea subulata* C. B. Clarke

醉马草 *Achnatherum inebrians*（Hance）Keng

参考文献

白龙，闫加乐，刘英，等，2018. 辽河平原北部草地类型特征及分布现状[J]. 草地学报，26（3）：566-575.

曹旭娟，干珠扎布，胡国铮，等，2019. 基于NDVI3 g数据反演的青藏高原草地退化特征[J]. 中国农业气象，40（2）：86-95.

曹旭娟，干珠扎布，梁艳，等，2016. 基于NDVI的藏北地区草地退化时空分布特征分析[J]. 草业学报，25（3）：1-8.

陈宝书，2001. 牧草饲料作物栽培学[M]. 北京：中国农业出版社.

陈全功，1991. 西藏那曲地区草地畜牧业资源[M]. 兰州：甘肃科学技术出版社.

陈守良，1959. 中国植物志[M]. 北京：科学出版社.

陈佐忠，汪诗平，王艳芬，2003. 内蒙古典型草原生态系统定位研究最新进展[J]. 植物学通报，20（4）：423-429.

程晓月，后源，任国华，等，2011. “黑土滩”退化高寒草地6种常见毒杂草水浸液对垂穗披碱草的化感作用[J]. 西北植物学报，31（10）：2057-2064.

旦久罗布，严俊，2019. 那曲草地资源图谱[M]. 北京：中国农业科学技术出版社.

董世魁，2022. 退化草原生态修复主要技术模式[M]. 北京：中国林业出版社.

干珠扎布，段敏杰，郭亚奇，等，2015. 喷灌对藏北高寒草地生产力和物种多样性的影响[J]. 生态学报，35（22）：7485-7493.

干珠扎布，高清竹，王学霞，等，2018. 藏北高寒草地生态系统对气候变化的响应与适应[M]. 北京：中国农业出版社.

干珠扎布，高清竹，王学霞，等，2018. 藏北高寒草地生态系统对气候变化的响应与适应[M]. 北京：中国农业出版社.
干珠扎布，郭亚奇，高清竹，等，2013. 藏北紫花针茅高寒草原适宜放牧率研究[J]. 草业学报，22（1）：130-137.
干珠扎布，2017. 模拟气候变化对高寒草地物候期、生产力及碳收支的影响[D]. 北京：中国农业科学院.
高清竹，江村旺扎，李玉娥，等，2006. 藏北地区草地退化遥感监测与生态功能区划[M]. 北京：气象出版社.
高清竹，江村旺扎，尼玛扎西，等，2018. 藏北高原生态文明建设与可持续发展战略研究[M]. 北京：科学出版社.
高天明，张瑞强，刘昭，等，2009. 灌溉对退化草地的恢复作用[J]. 节水灌溉（8）：26-28.
侯向阳，孙海群，吴新宏，等，2012. 青海主要草地类型及常见植物图谱[M]. 北京：中国农业科学技术出版社.
景美玲，马玉寿，李世雄，等，2017. 大通河上游16种多年生禾草引种试验研究[J]. 草业科学，26（6）：76-88.
景美玲，2014. 祁连山高寒草甸适生栽培牧草筛选[D]. 青海：青海大学研究生院.
李淑娟，李长慧，孙海群，2009. 高寒草原生态草种梭罗草研究现状[J]. 草业科学，26（1）：64-68.
李文华，赵新全，张宪洲，等，2013. 青藏高原主要生态系统变化及其碳源/汇功能作用[J]. 自然杂志，35（3）：172-178.
李文娟，龚晓霞，王泓，等，2005. 青藏高原有毒植物瑞香狼毒根抑菌活动初步研究[J]. 西北植物学报，25（8）：1661-1664.
刘兴元，龙瑞军，尚占环，2011. 草地生态系统服务功能及其价值评估方法研究[J]. 草业学报，20（1）：167-174.
龙瑞军，2007. 青藏高原草地生态系统之服务功能[J]. 科技导报，25（9）：26-28.

毛飞，侯英雨，唐世浩，等，2007. 基于近20年遥感数据的藏北草地分类及其动态变化[J]. 应用生态学报，18（8）：1745-1750.

牛钰杰，周建伟，杨思维，等，2017. 坡向和海拔对高寒草甸山体土壤水热和植物分布格局的定量分解[J]. 应用生态学报，28（5）：1489-1497.

秦金萍，马玉寿，李世雄，等，2018. 大通河上游梭罗草品种比较试验研究[J]. 青海畜牧兽医杂志，48（1）：21-24.

任继周，2008. 草业大辞典[M]. 北京：中国农业出版社.

任元丁，2013. 青藏高原四种毒杂草残体对土壤中化感物质组成的影响[D]. 兰州：兰州大学.

水宏伟，干珠扎布，吴红宝，等，2020. 禁牧对藏北高原狼毒型退化草地群落特征及生产力的影响[J]. 草业学报，29（10）：14-21.

孙海松，2004. 青海大通种牛场草地类型及其垂直分布的调查研究[J]. 草业科学，20（6）：13-16.

孙鸿烈，郑度，姚檀栋，等，2012. 青藏高原国家生态安全屏障保护与建设[J]. 地理学报，67（1）：3-12.

孙建，王小丹，程根伟，等，2014. 狼毒根系的向水性及其对河流侵蚀的响应[J]. 山地学报，32（4）：444-452.

王福山，何永涛，石培礼，等，2016. 狼毒对西藏高原高寒草甸退化的指示作用[J]. 应用与环境生物学报，22（4）：567-572.

王国宏，2002. 祁连山北坡中段植物群落多样性的垂直分布格局[J]. 生物多样性，10（1）：7-14.

王慧，周淑清，黄祖杰，2009. 狼毒对草木樨、多年生黑麦草的化感作用[J]. 草地学报，17（6）：826-829.

王莉雯，卫亚星，牛铮，2008. 西藏那曲地区草地分类研究[J]. AMBIO-人类环境杂志，37（4）：307-309.

吴红宝，水宏伟，胡国铮，等，2019. 海拔对藏北高寒草地物种多样性和生物量的影响[J]. 生态环境学报，28（6）：1071-1079.

吴征镒，1983. 西藏植物志[M]. 北京：科学出版社.

西藏自治区土地管理局，西藏自治区畜牧局，1994. 西藏自治区草地资源[M]. 北京：科学出版社.

徐瑶，陈涛，2016. 藏北草地生态服务功能与生态安全评价[M]. 北京：科学出版社.

严杜建，周启武，路浩，等，2015. 新疆天然草地毒杂草灾害分布与防控对策[J]. 中国农业科学，48（3）：565-582.

严俊，旦久罗布，谢文栋，等，2020. 藏北高原10种燕麦引种栽培试验研究[J]. 中国农业文摘. 农业工程，36（5）：12-14.

严俊，旦久罗布，谢文栋，等，2020. 藏北高原积极探索人工种草和生态建设协同发展的新路子[J]. 西藏科技（3）：10-12.

严俊，旦久罗布，次旦，等，2022. 藏北高原那曲草牧业科技示范村典型区域植物多样性研究[J]. 西藏科技（5）：15-21.

杨元合，饶胜，胡会峰，等，2004. 青藏高原高寒草地植物物种丰富度及其与环境因子和生物量的关系[J]. 生物多样性，12（1）：200-205.

杨兆平，欧阳华，宋明华，等，2010. 青藏高原多年冻土区高寒植被物种多样性和地上生物量[J]. 生态学杂志，29（4）：617-623.

张璐璐，王孝安，朱志红，等，2018. 模拟放牧强度与施肥对青藏高原高寒草甸群落特征和物种多样性的影响[J]. 生态环境学报，27（3）：406-415.

张树仁，2016. 中国高等植物彩色图鉴（第八卷）[M]. 北京：科学出版社.

赵玉萍，张宪洲，王景升，等，2009. 1982年至2003年藏北高原草地生态系统NDVI与气候因子的相关分析[J]. 资源科学，31（11）：1988-1998.

中华人民共和国农业部畜牧兽医司，全国畜牧兽医总站，1996. 中国草地资源[M]. 北京：中国科学技术出版社.

钟祥浩，刘淑珍，王小丹，等，2010. 西藏高原生态安全研究[J]. 山地学报，28（1）：1-10.

周华坤，赵新全，温军，等，2012. 黄河源区高寒草原的植被退化与壤退化特征[J]. 草业学报，21（5）：1-11.

朱进忠，刘德福，张德罡，等，2010. 草地资源学[M]. 北京：中国农业出版社.

CLARK J, CAMPBELL J, GRIZZLE H, et al., 2009. Soil microbial community response to drought and precipitation variability in the Chihuahuan desert[J]. *Microbial Ecology*, 57（2）: 248–260.

GANJURJAV HASBAGAN, DUAN MINJIE, WAN YUNFAN, et al., 2015. Effects of grazing by large herbivores on plant diversity and productivity of semi-arid alpine steppe on the Qinghai Tibetan Plateau[J]. *The Rangeland Journal*, 37（4）: 389–397.

GASTON K J, 2000. Global patterns in biodiversity[J]. *Nature*, 405（6783）: 220–227.

MIEHE G, MIEHE S, BACH K, et al., 2011. Plant communities of central Tibetan pastures in the alpine Steppe/Kobresia pygmaea ecotone[J]. *Journal of Arid Environments*, 75（8）: 711–723.

SAUGIER B, ROY J, MOONEY H A, 2001. Estimations of global terrestrial productivity: Converging toward a single number?[J]. *Terrestrial global productivity*, 543–557.

SCURLOCK J M O, JOHNSON K, OLSON R J, 2002. Estimating net primary productivity from grassland biomass dynamics measurements[J]. *Global Change Biology*, 8（8）: 736–753.

WELTZIN J F, LOIK M E, SCHWINNING S, et al., 2003. Assessing the response of terrestrial ecosystems to potential changes in precipitation[J]. *BioScience*, 53（10）: 941–952.